次世代リーダーを育てる!

FLL
FIRST® LEGO® League

ファーストレゴリーグ

NPO法人 青少年科学技術振興会理事長
鴨志田 英樹

KTC中央出版

世界88カ国から32万人*の子どもたちが参加する!

ファーストレゴリーグ

ファーストレゴリーグ(以下FLL)は9歳から16歳の子どもを
対象として開催される世界最大級のロボット競技会。
1998年、アメリカのNPO法人FIRST(ファースト)によって
はじめて開催され、2004年に初の日本大会が実施された。
2008年には世界大会を日本で初開催。毎年参加者が増え続け、
国内外から注目が集まっている。

*2018年現在

ロボットだけじゃない！
子どもたちの多様な可能性を引き出す
2つの大会プログラム

1
ロボット競技

教育版レゴマインドストームを使い、1ラウンド2分半の間に、
より多くのミッションを効率的にクリアすることを目指す。

2
プレゼンテーション競技

テーマに対する解決策やアイデアを考える**プロジェクト**、
ロボット競技の戦略を発表する**ロボットデザイン**、
チームワークをアピールする**コアバリュー**の3つのプレゼンに挑戦。

1

アタッチメント
の説明
FIRST
FUJISAN
TOKUYAMA
TAKAI
SAWADA
WATANABE
ODERA

課題発見・解決力を養う「チャレンジテーマ」

FLLでは毎年、さまざまな社会課題に関する「チャレンジテーマ」が設定されます。テーマにもとづいたロボット競技と、課題に対する解決策の発表を行うプロジェクトに挑戦します。

2008 Climate Connections
異常気象に関するプロジェクト

CLIMATE CONNECTIONS

2009 Smart Move
交通問題に関するプロジェクト

2010 Body Forward
人体に関するプロジェクト

2005 Ocean Odyssey
海に関するプロジェクト

2006 Nano Quest
ナノテクノロジーに関するプロジェクト

2007 Power Puzzle
エネルギーに関するプロジェクト

2015 Trash Trek
ゴミ問題に関するプロジェクト

2016 Animal Allies
動物との共存に関するプロジェクト

2017 Hydro Dynamics
水の循環に関するプロジェクト

2018 Into Orbit
宇宙に関するプロジェクト

2011 Food Factor
食の安全に関するプロジェクト

2012 Senior Solutions
高齢者問題に関するプロジェクト

2013 Nature's Fury
自然災害に関するプロジェクト

2014 World Class
新しい教育に関するプロジェクト

世界中の子どもたちと交流して競い合う
一生ものの体験

全国大会を勝ち抜くと、次の舞台は世界大会。
世界各地の仲間と交流し、議論を交わす世界の舞台で
グローバルな視野を身につけ、
英語を学ぶ意欲が上がる参加者も多い！

Musa-Kos

これからの教育はどう変わる？

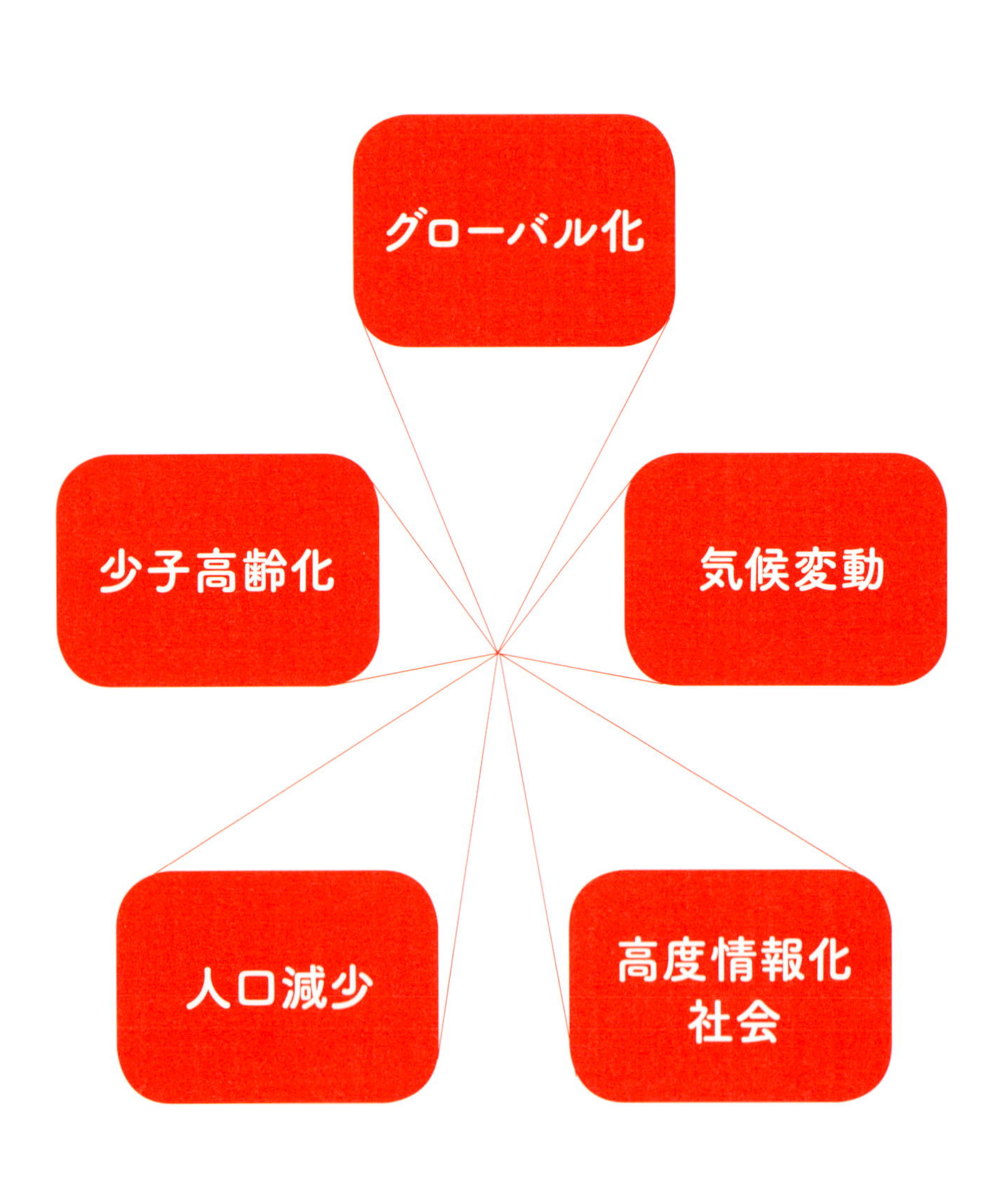

予測困難な、変動する社会に突入！

未来をつくる新しいリーダー
「STEM」人材
答えのない問いに立ち向かい、
0から1を生み出す力を育む！

STEM教育とは、Science/Technology/Engineering/Mathematicsの頭文字をとった新しい教育アプローチ。教科ごとに断片的に学ぶのではなく、さまざまな分野を横断的・統合的に学び、課題の発見・解決能力を養う方法として、世界的に注目を集めています。アメリカでは重要な国家戦略のひとつにSTEM人材の育成が重要な国家戦略のひとつに位置付けられ、2020年までにSTEM分野の大学卒業生を100万人増加させるなどの施策に取り組んでいます。

〝2011年にアメリカの小学校に入学した子どもたちの
65パーセントが今はまだ存在していない職業に就くだろう〟
（ニューヨーク市立大学大学院センター教授　キャシー・デビットソン）

2020年に改訂される、学習指導要領。新しい日本の教育のポイントとは？

新科目「英語」の導入

2011年に総合的な学習の時間などを活用した「外国語活動」が5.6年生を対象にはじまりましたが、教科書もなく、指導内容や方法は地域や学校によってバラバラでした。それが、2020年からは「外国語活動」は3.4年生からの開始となり、5・6年生では「英語」として教科になることが決まりました。それにともなって教科書も作成され、アルファベットを使った読み書きなど、学ぶ内容や目標が定められます。

思考力・判断力・表現力を重視する大学入試改革

従来の「センター試験」は「大学入学共通テスト」に変更され、これまで以上に思考力・判断力・表現力を重視する試験内容になります。これまでマーク解答式だった試験に、国語・数学で一部記述式が導入され、英語は「読む」「聞く」ができるだけではなく、積極的に英語の技能を活用できるよう「書く」「話す」も含めた4技能が評価されるようになります。

日本の教育も変わる！
2020年教育改革

アクティブラーニングの導入

アクティブラーニングとは「主体的で、対話的な、深い学び」とも言われる、児童・生徒が受動的になる授業ではなく、能動的に学べる授業方法のことです。話を聞いて暗記をするなどの知識詰込型の授業だけではなく、参加・体験型の授業、グループワークやディスカッション、自分でテーマを設定して取り組むプロジェクト型の学習などを通じて、主体的に知識を活用し、深める授業が重要視されます。

小学校でのプログラミング教育

2020年までに37万人のIT人材が不足するとみられる日本。情報化が進み、あらゆる場所でITが活用され、どのような仕事に就くとしても基礎的なITリテラシーが必要不可欠な時代です。そうした背景から、プログラミング教育が小学校段階から導入されます。大きなねらいのひとつは、論理的思考力や課題解決能力を高める「プログラミング的思考」を育むこと。「プログラミング」という教科が新しくできるのではなく、国語や算数などの教科科目や、総合的な学習の時間、クラブ活動など、実践のされ方は学校や地域によってさまざまです。

もくじ
CONTENTS

１９９８年にアメリカで始まったファーストレゴリーグ（以下ＦＬＬ）は、ＳＴＥＭ教育＋アクティブラーニングの教育手法のひとつとして一気に人気が爆発し、全米およびヨーロッパの教育者たちは、こぞってこのＦＬＬの教育的な魅力に飛びついた。

２００６年には世界37か国、６５０００人以上の子どもたちが参加する世界最大級の大会に成長し、２０１８年には88か国、32万人にまでなった。


日本国内でＳＴＥＭ教育というと理数系の学習であるととらえがちである。確かにＳＴＥＭとはScience, Technology, Engineering, Mathematicsのそれぞれの頭文字から取っているのでそう思われて仕方ないし、またＳＴＥＭの発祥の地であるアメリカにおいて、当初のＳＴＥＭの意味もまさに科学技術開発の競争力向上を目指した科学技術教育であった。しかし日本の考え方と違うのは人類学、経済学、心理学、社会学もＳＴＥＭの中に含まれるというところだ。

さらにこの考え方は米国を中心に、単なるハイテク分野で活躍できる科学技術者育成ということにとどまらず、「次世代のリーダー育成教育」という考え方に移行してきている。要は国際的な科学技術の進歩の中でイニシアチブを取れる人材の育成に、STEM教育が有効であるという考えである。

私はロボット科学教育CREFUS(クレファス)という教室を運営しているが、クレファスの教育理念はまさにこの次世代のリーダー育成のSTEM教育を元に15年前に作り上げた教育である。

単にロボットを作ることで理数系の原理原則が身につくだけの教育ではなく、チームビルディングを中心とした共同力の育成、他者を認め、自己の他者に対する影響力を高め、世界中の数多くの同世代の仲間たちと切磋琢磨する環境を用意し、実社会が直面している問題に対して子どもの視点でソリューションを考えさせるカリキュラムを展開している。

私が初めてFIRST(ファースト)の創始者であるDean Kamen(ディーン・ケイメン)氏と会ったのは、2003年のちょうどクレファスを設立したばかりのころだった。Dean Kamen氏は、

ＦＩＲＳＴとは子どもたちに将来のヴィジョンを描かせ、自信にあふれさせ、自分の未来を創造するセンスを身につけさせることであると語った。化石エネルギーの乏しい日本にこそ、ＳＴＥＭを通じ世界で活躍できる次世代リーダーを育てる環境が必要だと強く感じていた私は、その時にＦＬＬを日本に誘致することを決断した。

このような教育を15年前に日本でデビューさせたわけだが、当時の日本国内ではまだＳＴＥＭという単語もあまり浸透しておらず、ＰＬ（プラクティスラーニング）とかＡＬ（アクティブラーニング）と熱く語ってもピンと響くことが少ない時代だった。

一番ショックだったのは、ＦＬＬやＳＴＥＭ教育を「ただの高額なお遊び」と言われたことだった。

本当に単なる高額なお遊びだったのかどうなのか、15年たった今、それを検証してみたくて本書の出版を企画した。

本書に登場する人物や団体は、ＦＬＬを経験してどう成長したのか、またＦＬＬにかかわった大人たちはＳＴＥＭ教育をどうとらえたのか生の声を伝えてくれる。

本書を読んでいただければ、世界の多くの教育者たちがFLLに傾倒している理由がご理解いただけるのではないかと思う。

最後に、取材に応じてくれた個人、団体、法人のみなさまに感謝の意を表します。

またこの15年間でFLLにかかわった多くのみなさまとともに叫びたいと思います。

Three！

Two！

One！

Lego！

LEGO
No.1 FirstJapan のライブ ストリーム
N0.2 FirstJapan のライブ ストリーム
FIRST® LEGO® League

FLL式STEM教育のひみつ
次世代リーダーたちの「今」に迫る!

1章

CHAPTER 1

FLL
OB・OGの声

VOICE FROM
OB/OG

SPECIAL INTERVIEW

Toshiki Tomihira × Hideki Kamoshida

インタビュー

冨平 準喜 さん

小学3年生から『ロボット科学教育クレファス』に通い、FLLには小学6年生から中学校2年生まで3回参加していた冨平準喜さん。現在は、筑波大学でプログラミングの研究をしています。昨年まで在籍されていた東京工業高等専門学校では、「シンクロアスリート」というスポーツ観戦システムを開発し、第7回ものづくり日本大賞で内閣総理大臣賞を受賞し、多様な活躍をされています。小中学校時代のメンターである足立寛幸先生も交え、冨平さんのこれまでの経験と、これからの夢について伺いました。

冨平準喜（とみひらとしき）さん（筑波大学3年生）
足立寛幸（あだちひろゆき）さん（株式会社ロボット科学教育クレファス教室統括部部長）
鴨志田英樹（かもしだひでき）（NPO法人青少年科学技術振興会理事長）

大きな成長のきっかけとなった、FLLでの3年間

鴨志田　もともとプログラミングに興味を持ったきっかけはなんでしたか？

冨平　小さい頃からものづくりが大好きでした。幼稚園児のときに、複雑なプラモデルをつくったり、おもちゃを自作するぼくを見て、母親がクレファスを勧めてくれたんです。小学3年生からクレファスでブロックプログラミングをはじめ、テキストプログラミングは5年生からはじめました。クレファスで基礎的なことを学んでいたことで、本格的なロボットプログラミングやテキストプログラミングをやるのも抵抗がありませんでした。

鴨志田　FLLにはじめて参加したときのことを聞かせてくれますか？

冨平　クレファスに通う友達と2人でチームを組んで、小学6年生のときに参加しました。初年度は残念な結果になってしまったのですが、大会で出会ったすごく強いチームに感動して、悔しさもバネにして、「来年は絶対全国大会に行くぞ！」と、とてもモチベーションが上がったことをよく覚えています。

鴨志田　2回目からのチャレンジはどうでしたか？

冨平　まず、FLLに興味のありそうな友達に声をかけて、チームメンバーを2人から8人に増やしました。また、プログラミング担当・ロボット担当など役割分担も工夫してチーム力を強化しました。進むだけで数百点もとれるようなすごいロボットをつくることができたり、人数が増えたことで、プロジェクトでもさまざまな挑戦ができました。

鴨志田　印象的なプロジェクトはありますか？

冨平　2010年の『Body Forward』（人体に関するプロジェクト）の年、ぼくらは特にナノ医療に注目しました。チームで話し合って最先端の研究者に話を聞こうということになり、東京工業大学の教授に自分たちで連絡を取り、訪問して直接アドバイスをいただきました。

鴨志田　プロジェクトによって、さまざまな専門家に直接話を聞けるきっかけがあるのも、FLLのよさのひとつですよね。FLLを続けていて、よかったと思うことはどんなことですか？

冨平　FLLに参加していた3年間は、本当に濃い経験をしました。ぼくの小さい頃は、どちらかというと自信がない子どもで、人前に立つことや発表をすることがすごく苦手でした。でも、どうしたらインパクトがあるアイデアを伝えることができるのか、チームメンバーで日々研究したり、とにかく勝ちたい！という思いでクレファスに通いまくり、ひたすら練習を重ねているう

右/冨平さん
中央/足立さん
左/鴨志田

ちに、精神力が培われました。当時クレファスに通っていた生徒の中でも、一番クレファスにいた生徒だったんじゃないかと思います（笑）。FLLを通じて人前で話すことも得意になり、発表って楽しいものなんだなということを知りました。

足立　小さい頃から、冨平くんは本当につくることが大好きな生徒でした。つくることに夢中になって、没頭して、みるみる力をつけていっていましたね。メンターという立場から見ていても、どんどん自信をつけているように見えました。

鴨志田　そんなにクレファスを使ってもらって、クレファス冥利につきますね。その頃の経験は、今、どのように生かされていると感じますか？

冨平　中学2年生のときは、ぼくがリーダーとしてチームをまとめる立場でした。休みの日には、みんなで朝からロボットの練習をして、昼は息抜きにプレゼンテーションの練習をしたりと、当時はFLL漬けの毎日でした（笑）。ぼくはリーダーとして、どのようにそれぞれの個性を活かしながらチームワークを発揮できるか試行錯誤したり、また、チームで改善点や新しいアイデアを出し、実験しながらひとつのものをつくるあげる経験が、チーム開発や研究活動にもとても生かされています。

鴨志田　小学生から中学2年生までクレファスに通って、FLLに参加し続けていたんですよね。どうしてそんなに長い間、続けられたと思いますか？

冨平　創造性を発揮しながら友達と一緒に何かつくるプロセスが、自分にとって本当に楽しくて、合っていたのだと思います。うまくいかないミッションがあったら、学校が同じメンバーとはずっとそのことを話し合っていて、学校が終わったらまたクレファスに行って思いついたアイデアを試したり。失敗しては新しいアイデアを考えて、改善して、またさらにできることが増えていき、その繰り返しの毎日が充実していたんです。

鴨志田　本物の発明家のような経験ですよね。それだけ夢中になってしまうのがFLLなんですよね。メンターである足立先生との思い出で、なにか覚えていることはありますか？

冨平　すごく厳しい先生で、いろいろな面でとても鍛えられました！　毎週、先生に進捗を見せにいっていたのですが、本番の審査以上に厳しい意見をもらって、その度にたくさんのことを考えて、結果的に改善することができました。

足立　特に報告するタイミングの指示まではしていなかったのですが、冨平くんのチームはちゃんと事前にアポイントをぼくに取って、時間を確保していたよね。当時のチームメンバーのみんなは今どうしてる？

冨平　足立先生に見せにいく、ということをひとつのマイルストーンにしていましたね。この前ＦＬＬのチームで同窓会をしたんです。当時のチームメンバーは、高専を卒業し、工業用ロボットを開発する会社に就職している人、大学で機械工学や電子工学を専攻している人、みんなそれぞれの興味や特性を生かして学んでいたり、働いています。楽しすぎて、いつまでも話していられましたね。あの頃の思い出は本当に貴重なものです。

21人のチームをまとめ、内閣総理大臣賞を受賞

鴨志田　内閣総理大臣賞を受賞した作品について伺えますか？

冨平　「シンクロアスリート」という、大会や試合に出ているスポーツ選手とリアルタイムにつながるスポーツ観戦システムを開発し、２０１８年に内閣総理大臣賞をいただきました。ＮＨＫのテレビ番組でも特集され、先日は表彰式のために首相官邸にも行ってきました。今は、テレビでス

首相官邸での
表彰式の様子

ポーツ観戦することが普通ですが、ボブスレーやスキーなど、画面で見ているだけではなかなか臨場感が伝わりにくいスポーツも結構ありますよね。そこにVR技術を駆使することで、これまでにない、新しいスポーツ観戦システムを開発しました。スポーツ選手の動きをセンサーと360度カメラで記録し、観戦する人はセンサーなどと連動した動く椅子に座ります。そこに座ると、スポーツ選手の目線や動きを同時に体験できる、非常に臨場感ある観戦をすることが可能になります。今、このシステムを東京オリンピック・パラリンピックでもみなさんに使ってもらえるように調整中です。

鴨志田　すごい！　それはぜひ体験してみたいですね。どのようにそのアイデアを思いついたのですか？

冨平　3年前、学校の文化祭でバーチャルジェットコースターを開発・展示したところまわりからとても好評で、その作品をもっと発展させせてコンテストに出してみよう、ということにな

開発チームのみなさん

りました。今回開発したスポーツ観戦システムは、その頃の作品がベースになっています。

鴨志田　何人のチームで開発していたのですか？

冨平　合計21人で、ぼくがリーダーでした。

鴨志田　いろいろなメンバーがいると思うのですが、どんな風にチームをまとめていきましたか？

冨平　そこでも、FLLでのチーム開発の経験が活かされています。ぼくはメンバーひとりひとりをうまくつなげていくタイプだということをFLLを通して感じていたので、まず21人のメンバーそれぞれの性格や得意なことを知り、活かし合いながらぼくらなりのチームワークを発揮させました。

鴨志田　それは、FLLのコアバリューにある、お互いに敬意を持って接していくということにも通じることですよね。

冨平　そうですね。コアバリューなどのFLL精神を通じて学

んだ、自分の頭で考えることや相手にわかりやすくアイデアを伝えることは、自分にとってもはや当たり前のことになっていると感じています。

鴨志田　今後の夢や目標はなんですか？

冨平　ぼくは、情報検索に興味があります。現在、インターネット検索が人々の暮らしにおいて大きな役割を占めていますが、今の検索システムでは、ブラウザに知りたい言葉を入力すると即座にいろいろな情報が出てくる一方で、得られる情報が限定的なのではないかとも思っています。そうではなく、インターネット検索というものを、より体系的にあらゆる角度から知識を深める体験にしたいと考えているんです。そのために、人工知能と組み合わせてよりインタラクティブな次世代検索システムを開発しようとしています。高専から筑波大学に編入したのは、自然言語処理の研究者が一番多く、最先端の研究環境が整っているためです。学部卒業後も大学院で研究を続けたいと思っていて、近い目標では国際大会で研究成果を発表し、ゆくゆくは人工知能学会など大きな学会でも論文を発表したいです。

鴨志田　これからの冨平くんの活躍がとても楽しみです。これからFLLに挑戦する人にメッセージをいただけますか？

冨平　FLLを心の底から楽しんでほしいなと思います。FLLで、いろいろなアイデアを出して議論しあったり、実際にアイデアを形にしていくプロセスを、ぼくはめちゃくちゃに楽しんでいました。そのベースにあった楽しいという動機が、大会での結果や将来への力につながっていたと思います。これから挑戦する人たちも、FLLを思いっきり楽しんでもらいたいです。

鴨志田　ありがとうございます。これからも応援しています！

OB/OG STORY

No.1

Riho Kawamoto

OB・OG
ストーリー

河本理帆さん

大学生/海外留学中

学年・年齢
大学2年生

現在の所属
Wesleyan University

FLL参加チーム名（所属団体）
チームFalcons
（任意団体ithinkplus）

FLL参加年
2007年度〜2012年度

英会話教室を通じて出会ったプログラミング

——プログラミングをはじめたきっかけはなんでしたか？

通っていた英会話教室『ithinkplus』でパソコンを用いたアクティビティがたのしかったことです。プログラミングの勉強は、最初のうちは得点のことは考えずに娯楽の延長線上としてはじめました。プログラミングの基本はポール先生というアメリカ人の先生に教えていただき、試行錯誤しながら経験を重ねて学びました。『ithinkplus』はグループワークが多く、友達と教え合いながら学べたことも学習環境としてよかったです。

——ＦＬＬへの参加のきっかけはなんでしたか？

英会話教室の先輩たちのチームが世界大会に出場したことにインスパイアされ、「わたしも世界各国の人と大会を通じて知り合いたい！」と思い、小学3年生から参加しはじめました。

——ＦＬＬに参加したチームはどんな雰囲気でしたか？

小学3年生ではじめて参加したときのチームと中学生時代のチームとでは、メンバーが異なっていたので同じ言葉が当てはまるわけではないですが、どちらのチームもチーム内コミュニケーションが盛んだったのは強く印象に残っています。わたしは中学生時代に、チームのプロジェクトリーダーとして取り組んでいました。チームメンバーはほぼ全員学区域が同じで、お互いの家が近所にあり、幼少期から一緒に育ちました。そのためＦＬＬの活動以外でも接点があり、ＦＬＬの大会前の詰め込み練習でも参加率が高く、メンバー同士が互いに理解し合えていました。チームの団結力や志気を向上させる上で大切な要素だったように感じています。

実社会とのつながりを学べた小・中学生時代

——ＦＬＬという経験をして、よかったことはどんなことですか？

まず、学びの場は学校だけではないと知ることは大きなことでした。社会課題に対する解決策を学校で習った知識も使いながら提案する経験は、個人の責任・義務・役割を自分なりに理解する上で役に立ちました。わたしの所属していたチームは他チームと比べて平日・休日共に練習時間が多かっただけあり、メンバー間の距離が近く、チームメンバーとの会話・交流を通じて自己理解を深められたことも貴重な体験になりました。

学際的知識を深めるため、海外留学の道へ

――現在の大学生活と、その進路を選んだ理由について教えてください。

米国コネチカット州にあるリベラルアーツ系大学のWesleyan University（ウェズリアン大学）で学んでいます。大学受験時に専攻を決める日本の大学の入試方式に疑問を抱いたこと、FLLを通して社会課題解決のためには学際的知識が必要であることを知ったのが理由です。わたしの大学は、入学後に複数の学科の授業を受けてから専攻を決めることができ、授業も芸術系・社会学系・理系まで幅広い専攻が揃っていて、少人数クラスが多数展開されています。

――現在の自分に、FLLでの経験はどのように影響していると思いますか？　身についたこと

や、できるようになったこと、興味が広がったことなどを教えてください。

FLLのチームメンバーとの話し合いを通してお互いの考えを深められた経験から、ディスカッション重視の授業スタイルを求めるようになりました。自分の意見を主張するだけでなく相手の意見を聞きながら理解することの重要性を認識でき、話が逸れないように考えながら会話を進める力も身につきました。

——これからチャレンジしていきたいこと、勉強してみたいことを教えてください。

今は、大学での学びを大切にしたいです。わたしは、2つの専攻を持つdouble majorを予定していて、College of Letters（ヨーロッパの文学・歴史・哲学を学際的に学ぶ複合専攻）とSociology（社会学）を希望しています。2つの専攻を学ぶことで、より広い視野を持てるようになりたいです。

OB/OG STORY

No.2

Minori Ohashi

OB・OG ストーリー

大橋 穣 さん

エンジニア

学年・年齢
社会人・25歳

現在の所属
医療機器メーカー

FLL参加チーム名（所属団体）
ロボット科学教育クレファス池袋校 チーム煌

FLL参加年
2004年度〜2007年度

パソコンの外に飛び出す、ロボット製作の魅力

——プログラミングをはじめたきっかけはなんですか？

もともと小さい頃からロボットが好きで、ロボットの展示会にもよく行っていました。プログラミングをはじめたきっかけは、母が『ロボット科学教育クレファス』に連れて行ってくれたことです。レゴマインドストームから勉強をはじめ、高校生からは本格的なテキストコーディングであるCやC++という言語もはじめました。今振り返ると、パソコンの中だけではなく、実際に動くロボットでプログラミングをはじめられたことは、特に幼少期のぼくにとって有効だったように思います。クレファスでも、座学より自分で手を動かしながら自由にロボットをつくったこ

とが印象に残っています。

――**プログラミングを学んで、どんなことが身につきましたか？**

課題を分析する力が身につきました。ある現象が起きているとき、何が間違っている可能性があるのか仮説を立てること。どうすればその仮説を実証できるか考えること。さらに、最小の手間で実行に移すこと。これらのことについて、ＦＬＬでのロボット製作の経験を通じて学んでいけたと思います。

――**ＦＬＬへの参加のきっかけやチームの様子について教えてください。**

小学校６年生のとき、クレファスの先生からＦＬＬについて教えてもらって参加しました。少人数のチームで、あまりきっちりとした分担はないチームでした。

チームワークの基本を学んだＦＬＬ

――**チームではどんな役割でしたか？**

何でも屋のような立場でした。わたしはロボット制作もプレゼンテーションも一番うまかったわけではありませんが、どちらもチームのなかで2番手くらいにはできました。どちらのこともわかるわたしが全体の方針をまとめながら、わたしよりロボット制作やプレゼンテーションが上手なチームメンバーががんばってくれて、逆に手が足りていないところにわたしが回っていました。

――FLLという経験ができてよかったことはどのようなことですか？

チームで協力して物ごとを進める経験ができたことが一番よかったことです。勝つために努力していく過程でスケジュール管理や役割分担といったチームワークの基本を学ぶことができました。

大学卒業後、エンジニアへ――ものづくり×社会貢献への挑戦

――現在のお仕事と、その進路を選んだ理由も教えてください。

医療機器メーカーでソフトウェアエンジニアとして働いています。就職活動では、自分が好きなものづくりを通して社会に貢献していきたいと考えていました。最終的にわたしは医療の分野に貢献しようと決め、医療機器メーカーでエンジニアとして働く進路を選びました。

――現在の自分に、FLLでの経験はどのように影響していると思いますか？

ＦＬＬで養われた、課題解決能力が仕事に活きています。例えば、製品に機能を実装する際は、どのようなやり方がよいか、難易度、納期、影響範囲など、多面的な角度からアプローチを考えるようにしています。その考え方の基礎は、ＦＬＬでの経験によるところが大きいと思います。

――これからチャレンジしていきたいこと、勉強してみたいことを教えてください。

短期的には、数年以内に自分が担当しているシステム範囲の仕事を主導できるようになりたいと思っています。10年後には組織のソフトウェア開発全体をまとめられるようになることが目標です。

OB/OG STORY

No.3

Haruka Tada

OB・OG ストーリー

多田遥香さん

高校生

学年・年齢
高校1年生

現在の所属
追手門学院大手前高等学校

FLL参加チーム名(所属団体)
Otemon Space Challenger
(追手門学院大手前高校)

FLL参加年
2016年度・2017年度

自分の青春を捧げたFLL

——プログラミングをはじめたきっかけはなんでしたか?

わたしの学校は中学1年生でクラブ活動がはじまります。はじめはどのクラブ活動に入るか悩んでいましたが、わたしは人と違うことをすることが好きで、ロボットをつくるというめずらしさに興味がわいてロボットサイエンス部に入ることに決めました。実際に入ってみると、自分の考えた動きをロボットが行う様子にとても感動しました。プログラミングをしているうちに、たのしさにどんどんのめりこんでいきました。中高一貫校なので先輩が多く、プログラミングの基本は先輩に教えてもらいました。わからないことは聞けばすぐに教えてくれる先輩がまわりにたくさんいたので、この環境を大切に最大限に活かそうと日々心がけていました。先生は、プログラミングが上達するための手順を教えてくださいました。例えば、カラーセンサーをはじめて使うときは、「色を読む練習→まっすぐのライントレース→複雑なライントレース」など、手順をきちんと明確にしてくださいました。このような先輩や先生のおかげで、わたしはプログラミングを学ぶことができました。

――FLLへの参加のきっかけはなんでしたか？

わたしたちの部活にはFLLに参加経験があるコーチがいました。コーチはロボットをつくるのも、英語も、教えるのも上手で、人としてもすごくしっかりしていて、とても尊敬しています。あるとき、コーチが自分の中学時代の話をしてくださいました。FLLの全国大会で思うような結果が出せなくて世界大会に出場できず、帰りの新幹線で号泣したこと。FLLに参加すればたくさんの成長をすることができること。さらにFLLは大会の結果以上に大切なことを学ぶことができる場所だと教えてくださいました。そんなコーチの話を聞き、コーチのことを信じて、わたしの青春をぜひFLLに捧げてみたいと思い、2016年、15歳ではじめて参加しました。

――FLLという経験ができてよかったことはどのようなことですか？

やっぱり、大会などで結果が出たときが一番うれしいです。自律型ロボットなので、普段の練習場所と違う環境である本番の大会のフィールドで、自分の思い通りにいくことはほとんどありません。一生懸命練習した分、失敗したときのくやしさは大きく、涙を流すことはたくさんあります。しかし、どうすればうまくいくのか、どうすれば正確性が高まるのかを考え、本番で思い通りに動いたときは何にも代えがたいくらいうれしいです。プログラミングをはじめなければこのような経験ができなかったと思うと、プログラミングをはじめて本当によかったと思っています。

リーダーとして学んだチームマネジメント

――チームでの役割や、チームの様子について教えてください。

わたしはチームリーダーでした。特に現役生最後の参加となった2017年は、リーダーが最もするべきことは、誰よりもまず自分が一番努力をすることだと学びました。わたしの背中を見てひとりでもがんばろうと思ってくれるチームメンバーが増えてほしいという気持ちで、チームマネジメントを大事にして精いっぱいの努力をしました。例えば、やることリストをつくって、いつでもみんなが見ることのできる場所に貼り、チームメンバーが今何をしなければならないのかを明確にし、毎日のミーティングを大切にしました。

わたしのチームは年齢層が広いのですが、全員の距離が近いです。意見を交換するときも、全員正直な意見を言い合えます。学校の昼休みにプレゼンの練習をしようと提案すると、全員が必ず集まり、練習中も自分の役割を終えてやることが無くなると、「何かやることありますか？」と聞いてくれます。そんなチームメンバーに囲まれて、わたしは成長できているのだと実感します。

世界への輪が広がったFLL

――FLLという経験をして、よかったことはどんなことですか？

たくさんの人と出会えたことです。プロジェクトの研究過程でもたくさんの方と出会い、たくさんの観点を学ぶことができますし、大会でも他のチームとたくさん交流ができて、とても輪が広がりました。わたしは、FLLをはじめる前は極度の人見知りで、はじめて会った人とはほとんど話せない性格でした。しかし、FLLでみんなが自分から話しかけている姿を見て、自分も変わろうと思いました。FLLの世界大会を通して、人生でできると思っていなかった外国の友達ができたことが、とてもうれしかったです。

――現在の自分に、FLLでの経験はどのように影響していると思いますか？ 身についたことや、できるようになったこと、興味が広がったことなどがあれば教えてください。

FLLがなければ今の自分は絶対にないと言えます。FLLを通して、プログラミングをするたのしさを知り、ずっと続けていきたいと思うことができたのです。

また、自信がつき、積極的になりました。FLLをはじめるまでは、どうしても勉強などの習慣が続かず結果も出ず、自分には才能がないと決めつけて努力しようとしませんでした。しかし、FLLでは、何もしなければ何も変わらないということを学ぶことができました。FLLをはじめた後は努力し続けることができるようになり、まわりの友達にも、変わったといわれることが多くなりました。FLLは、わたしの人生の起点だと思います。

――今の夢はなんですか？

NASAで働くシステムエンジニアになり、自分の力で、少しでも宇宙と人との距離を近づけたいと思っています。

――これからチャレンジしていきたいこと、勉強してみたいことはありますか？

もう部活の引退に近づいているので、後輩に自分が持っている力を受け継ぎたいと思っています。

そして、コーチがわたしにしてくれたように、ＦＬＬのたのしさを伝えて、ひとりでも多くの後輩が、「ＦＬＬに参加して変わりたい！」と思ってほしいです。

OB/OG STORY

No.4

T.S.

OB・OG ストーリー

T・S さん

大学生

学年・年齢
22歳

現在の所属
慶應義塾大学

FLL参加チーム名(所属団体)
チームSAP Edisons

FLL参加年
2005年度〜2010年度

――FLLに参加するきっかけを教えてください。

父親から勧められたことがきっかけです。プログラミングの経験はありませんでしたが、大好きなレゴでロボットをつくるのはすごくたのしそうだなと思いました。『SAP Edisons』はよくに遊んでいた仲のいい4〜5人で結成したチームです。プログラミングは父親たちから教わりました。

――どこで練習をしていましたか?

毎週土日の朝10時から夜9時まで、地元の公民館を借りてやっていました。子どもも大人もかなり本気で、チームメンバーの父親の誰かが必ず練習に付き添って、母親はごはんやおやつを差し入れてくれて、家族総出の活動でした。小学4年生から中学3年生までずっとFLLが生活の中心で、めちゃくちゃたのしかったですね。

――どんなチームでしたか？

ものすごく仲がよかったです。はじめは年上のチームメンバーが主導して、学年が下のぼくらはプレゼンテーション用の紙芝居をつくったりしていました。ぼくらもだんだんと先輩たちのやっていたことを引き継いで、チームを主導する立場になっていました。

――特に印象的なテーマの年はありますか？

プロジェクトでは、2006年に小学5年生で参加した『Nano Quest』（ナノテクノロジーに関するプロジェクト）をよく覚えています。初参加だった2005年は『Ocean Odyssey』（海に関するプロジェクト）がテーマで、子どもにもわかりやすかったんですが、ナノテクノロジーは、はじめは意味がまったくわかりませんでした（笑）。そこで、まずは友達の父のつながりで早稲田大学の研究室に行き、実際に髪の毛の何万分の1のナノの世界を見させていただくところからはじめて、すごくたのしかったです。最終的には、カーボンナノチューブという、鉄や鋼より強度が強いのに軽い素材を用いて車をつくることで、事故を起こしても被害を最小限にできる車のアイデアを提案しました。

ロボット競技では、2008年の『Climate Connections』（異常気象に関するプロジェクト）が印象的です。コートに大きな家があり、そこに来る津波を防御するミッションがありました。そのために、家の高さをあげる、窓を開けるなどの3つのクリアするべきことがあったんです。ぼくは、3つのミッションを1度の往復でクリアできるアタッチメントを作成でき、クリアまでの時間をだいぶ短くできました。通常のやり方だと、3回の往復が必要で時間がかかってしまうので、チームの子たちにもおどろかれ、世界大会にも行くことができました。

――世界大会ではどんな経験ができましたか？

世界大会では国ごとにブースがあり、いろいろな工夫をしてチームをアピールします。ぼくらは大きな布や折り紙で富士山や日本のキャラクターをつくったり、来てくれた海外の人の名前をひらがなで書いてあげたり、日本ならではの文化を楽しんでもらえるよう工夫しました。他の国のチームも、伝統的なダンスをしたり、お菓子やオリジナルのシールを配るなど、各国の特色がすごく出ていました。競技以外にも、そのような文化交流ができたこともおもしろい経験でした。

――世界大会で学んだことやおどろいたことはどんなことですか？

国によってロボットのつくり方が全然違っていたことにはとてもおどろきました。海外の人たちは、規定ギリギリの、大きい箱みたいなスケールが大きいロボットをつくるんです。技術的にもすごくて、普通は6～7回は往復しないとクリアできないミッションを2～3回の往復でクリアするチームもいました。また、ぼくらは英語のプレゼンテーションにはすごく苦労しましたが、新しい言語との出会いは学びも大きかったです。はじめは文章を丸暗記して、イントネーションに苦しみました。言語の壁を感じつつも、身体や表情でコミュニケーションを取ることもできて、いい経験でした。

――FLLでの経験を通して身についたことや、今も活きていることはどんなことですか？

課題発見・解決能力が身についたことと中学生で世界大会に行けたことで、見たことのない世界に飛び込む抵抗が一切なくなったのはとても大きい経験です。テーマに沿ってリサーチして、課題を見つけて、解決するためのアイデアを見つける。そんなプロセスで、「もっとこうなったらいいのに」「こんなことがしたい」と自分たちで考えて形にする力を得られたことが一番の学びです。そんなことを5年間やっていたから、ゼロからアイデアを生み出す力がつき自信もなりました。そんな経験をもとに、高校から今まで、アイデアを自分から周囲に提案して、仲間を巻き込みながら形にする活動をしています。また、生涯にわたって付き合える、切磋琢磨し合える仲間を得られたのもFLLのおかげです。

――FLLのOB・OG組織を立ち上げたと伺いましたが、それはなぜですか？

FLLのOB・OG生は、高校、大学に行ってからもやっぱりみんなどこかとんがっていて、周囲とはいい意味でちょっと違うんです。プログラミングを究めている人もいれば、別の活動を自らはじめる人もいたり、海外に行く人もいたり。そういう仲間たちが、バラバラになるのももったいないと思い、どこかでつながる場所としてOB・OG組織をつくりました。現在は、大会ボランティアなどをしていますが、まだ高校生が多いので、大学生や社会人が増えて経験を積んだ後に、何かみんなでおもしろいことができたらいいなと思ってます。

――大学ではどのような活動をしていますか？

所属している慶應義塾大学湘南藤沢キャンパスでは、より実践的な学びを得られます。ぼくはビジネスコンテストの学生団体に所属したり、ソーシャルプロデューサー育成ゼミに入ったり、高校向けのキャリア教育を企画して母校で講演をするなど、今でも変わらずいろいろな活動をしています。特に、ビジネスコンテスト企画や協賛営業の経験はすごく大きな勉強になりました。

――『SAP Edisons』の他のメンバーは、どんな進路を歩んでいますか？

ずっとプログラミングを研究している京都大学大学院生や、FLLで国際交流に興味を持ってアジアをまわっている人、海外でインターンシップをしたり、模擬国連に参加している人、映像制作に興味を持って映像のベンチャーに入っている人など、本当にいろいろですね。それぞれの強みを活かして好きなことに取り組んでいることは共通しています。

——これからの進路について教えてください。

現在、IT企業に就職が決まっています。すでにインターンシップ生として関わり、新規事業の責任者として仕事をしています。根本にある思いは、自分がつくったもので世の中の人たちを喜ばせたい、おどろかせたいということです。会社のさまざまなリソースを使って、大きなサービスをつくり、世の中にインパクトを与えることが今の目標です。

FLLで学んだこと、
身についた力は
どんなこと？

WHAT
YOU
LEARN
from FLL

プレゼンテーション力・コミュニケーション力

プログラミングは自分でやってみると本当にむずかしいものでしたが、その分できたときの達成感は最高でした。FLLを通して、さまざまな課題についての意見を他の人から聞く大切さを学びました。また、チームワークの大切さや、一人ひとりの役割の大切さも学ぶことができ、今ではさまざまなグループ活動においてもFLLで学んだことを大切にしています。

現役生　塚本真大さん（清教学園高等学校2年生／2015年度、2016年度参加）

FLLでは人前に立つ度胸が備わったと思います。チームリーダーとして、プレゼンターとして、自分のチームの成果物を世界にアピールする大きな役割を担い、すべての場面において最高のプレゼンテーションを行うこと。これこそがわたしが3年かけてFLLで身につけたものだと思います。

OB生　結城敬美さん（カナダ アルバータ州立 Lethbridge College 2年／ロボット科学教育クレファス武蔵小杉校チーム Musa-Kos 出身／2012年度参加）

論理的思考力・科学的思考力

ひとつめは、最後まで考え抜く力がついたことで、論理的思考力が鍛えられたことです。考えて考えて考え抜き、最後に自分の思い通りにロボットが動くとすごくうれしかったです。2つめは、世界大会に出て海外のチームと交流できたこと。異文化コミュニケーションをリアルに体験でき、思考回路がぼくら日本人とはなにもかも違い、おもしろいことが多かったです。英語で話せたこともいい経験でした。これらのFLLでの経験を通じて将来に選択肢が増えたことも大きいです。もしFLLで自分から主体的に動くことや、海外でのいろいろなものに対する価値観などの大切なことを学んでいなかったら、今の自分の描いている将来の夢はなかったかもしれません。

OB生　松岡風我さん（帝塚山高等学校2年生／2014年度参加）

日常生活のあらゆる機械、ロボット、システムなどがどのような仕組みで動いているのかを考えるようになりました。

また、プレゼンテーションを通して、自分の意見は本当に筋が通っているのか考えた上で発言をするようになりました。自分の意見に対して自信を持てるようになり、コミュニケーション能力がついたことがよかったです。

OB生　宇田真尋さん（ロボット科学教育クレファス南浦和校 チームUniversal Serial Bus出身／2015年度・2016年度参加）

世界での経験

FLLに参加できてよかったことは、世界を見ることができたこと。具体的には3つあります。ひとつめは、世界の技術レベルの高さを知ることができたこと。2つめは、チームワークの高さについて知ることができたこと。3つめは、テーマを解決するために、物ごとをひとつの側面から見つめるのではなく多数の視点から解決する大切さを知ることができたこと。

ＦＬＬでの経験は、学校から出される実験実習レポートの考察などの際にも役立っています。ＦＬＬのロボットミッションに取り組むときは、やみくもにやっても時間の無駄になるため、毎回できなかった原因をはっきりさせることを大切にしていました。そんな経験が考察する力につながっていると思います。将来はこれらのスキルを活かして義手の開発に携わりたいと思っています。

ＯＢ生　井上祐希さん（専門学校４年生／ロボット科学教育クレファス南浦和校 チーム Universal Serial Bus 出身／２０１５年度・２０１６年度参加）

世界大会に出場したときにはじめて海外に行き、世界中の人たちと交流できたこと。また、ＦＬＬに挑戦するまでは、人前で話すことは本当に苦手だったのですが、プレゼンテーションの練習をすることで、苦手意識がなくなったことがうれしいです。

ＯＢ生　大江宏明さん（帝塚山高等学校２年生／２０１４年度出場）

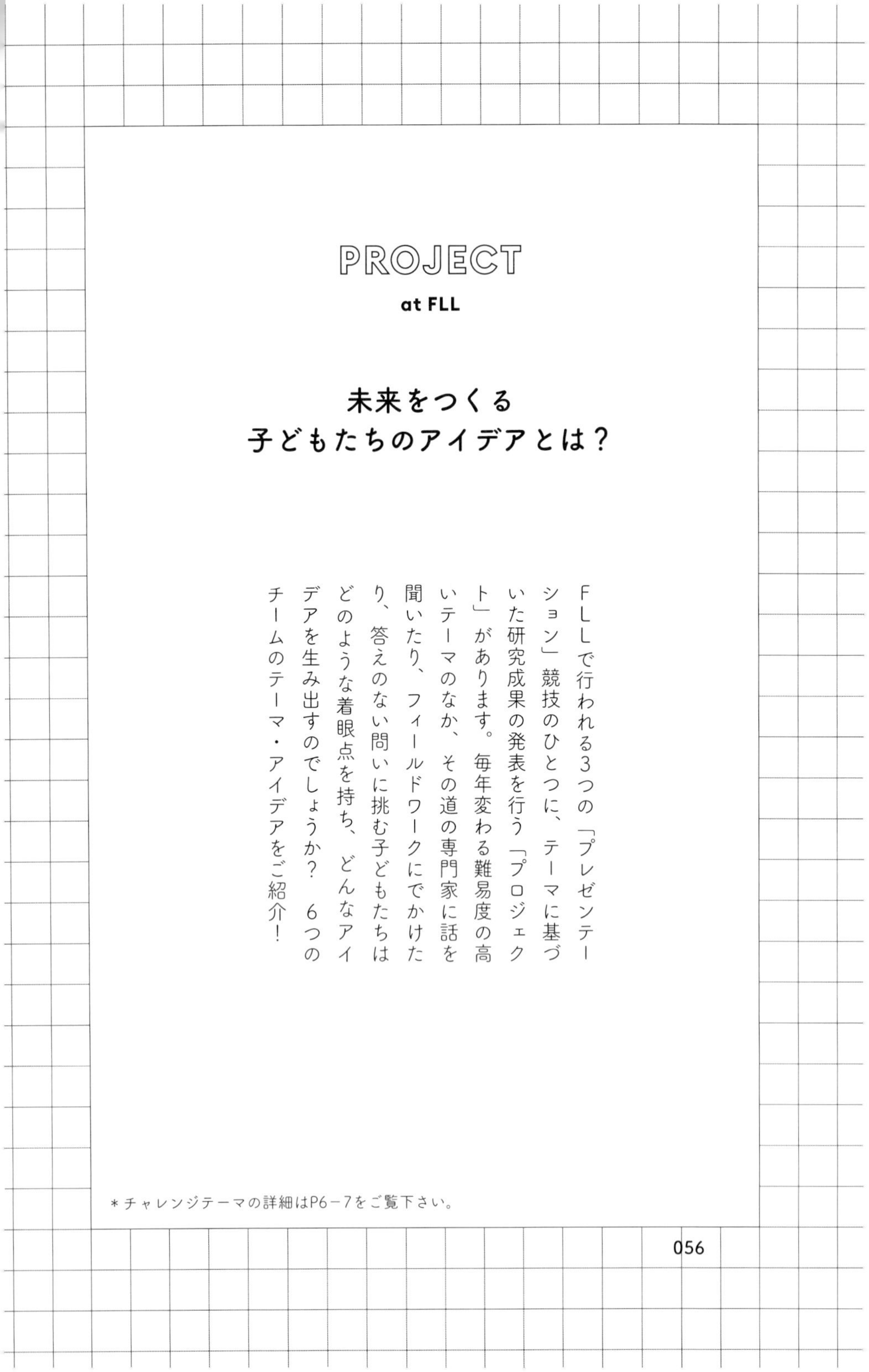

PROJECT

at FLL

未来をつくる
子どもたちのアイデアとは？

FLLで行われる3つの「プレゼンテーション」競技のひとつに、テーマに基づいた研究成果の発表を行う「プロジェクト」があります。毎年変わる難易度の高いテーマのなか、その道の専門家に話を聞いたり、フィールドワークにでかけたり、答えのない問いに挑む子どもたちはどのような着眼点を持ち、どんなアイデアを生み出すのでしょうか？　6つのチームのテーマ・アイデアをご紹介！

＊チャレンジテーマの詳細はP6−7をご覧下さい。

1 チーム煌／ロボット科学教育クレファス池袋校

テーマ：

2007年 『Power Puzzle』（エネルギーに関するプロジェクト）

着眼点：

原子力発電の危険性

アイデア・解決法：

安全な原子力発電利用

「わたしがFLLに参加した最後の年のテーマでした。2011年の東日本大震災以前でしたが、当時から原発の危険性を危惧する声は大きく、実際に自分たちで調べてみようと、わたしのチームでは安全な原発利用を課題にして取り組みました。」（大橋譲さん）

2 チームFabulous Party／名進研

テーマ：

2011年 『Food Factor』（食の安全に関するプロジェクト）

着眼点：

マグロは安全な食べ物か？

アイデア・解決法：

マグロに含まれるメチル水銀をなくすための装置開発

「まずマグロについて知るために、身近な魚屋さんから卸売市場の方までいろいろな人と会い、漁船に乗ってマグロに餌をあげるなどのさまざまな体験をし、マグロをもっと好きになりました。マグロを完全に安全な食料にするためには、どうしたらいいのか？小学5年生3人のチームで、一生懸命考えて課題を解決するための装置を研究しました。結果的にコアバリュープレゼンテーション賞をいただき、市場の方や、魚屋さんに報告に行きました。」（佐々木慶太さん）

3　チームFalcons／任意団体ithinkplus

テーマ：

2012年　『Senior Solutions』（高齢者問題に関するプロジェクト）

着眼点：

**高齢者の幸福度を向上させることで
クオリティ・オブ・ライフ（QOL）を上げられるか？**

アイデア・解決法：

転倒予防靴下の発明

「高齢者のQOLは幸福度の向上によって改善できると仮定し、課題点として、転倒による引きこもり・寝たきりがあると定義しました。その改善策として、ファッション性を重視した転倒予防靴下を提案。機能性だけではなくファッションにも着目することで、高齢者が自ら着用したいと思えるようなデザインを考案しました。」（河本理帆さん）

チームUniversal Serial Bus／ロボット科学教育クレファス南浦和校

テーマ：

2015年　『Trash Trek』（ゴミ問題に関するプロジェクト）

着眼点：

秋の落ち葉で道路が滑りやすくなることによる事故の発生

アイデア・解決法：

落ち葉の回収からリサイクルまでの方法を提案

「まず身の回りの課題に着目し、わたしたちの近所では毎年秋になると道路にある落ち葉によって引き起こされる事故があるため、これを回収するロボットの開発をしました。」（井上祐希さん）

5　チームαNEXT／帝塚山中・高等学校

テーマ：

2015年　『Trash Trek』（ゴミ問題に関するプロジェクト）

着眼点：

奈良公園にいる鹿のフンの再利用

アイデア・解決法：

鹿のフンをガラスにリサイクル

「理科の先生にも協力してもらい、奈良公園周辺に多くあり、観光客を困らせていた鹿のフンをガラスに変えるプロジェクトに挑戦しました。まず生徒と一緒にフンをたくさん拾いに行き、乾燥させ、さまざまな薬品を混ぜ、高温で焼却することでガラス化します。成功までにはたくさんの失敗もありましたが、大学など研究機関にも協力してもらいながらなんとか成功することができました。」（メンター八尋さん、仲島さん）

6　チームOtemon Space Challenger／追手門学院中・高等学校

テーマ：

2017年『Hydro Dynamics』（水の循環に関するプロジェクト）

着眼点：

発展途上国の飲料水不足

アイデア・解決法：

発展途上国でも、簡単に菌を増殖することのできる納豆菌を使って、水をきれいにすることのできる魔法の粉を発明

「たくさんの専門家の方々への調査により、日本の下水処理能力の鍵は細菌だということを知りました。そこで、菌に注目することにし、水をきれいにする方法を考えました。大阪の企業をはじめ、経済産業省やユニセフの方々からも評価をいただきました。」（多田遥香さん）

1

思いっきりたのしんでください。わたしが選手だったときは、勉強になるとか将来役に立つなんてことはまったく考えず、ただただたのしくて勝ちたくて全力でやっていました。全力で取り組んできたからこそ今振り返ってとても身になる経験ができたと思っています。

大橋穣さん／医療機器メーカー勤務／ロボット科学教育クレファスチーム煌出身

2

とにかく、自分のできる最高の努力をして大会に挑んでほしいです。そうすればきっとFLLは自分を成長させてくれます。チームメンバーと練習をする一日一日を大切にして、全力でたのしんでください！

多田遥香さん／追手門学院高等学校1年生

3

自分も先輩から言われた言葉ですが、チームの中で年齢が下でも遠慮することなく自分の意見をしっかりもって活動すると良いと思います。常にチャンスはある！と思って、諦めないでがんばってほしい。是非、他チームとの交流を積極的に行ってみて下さい。ぼくたちのように新たな出会いもあるかも！

金原明生さん／高校1年生／ロボット科学教育クレファス新百合ヶ丘校チームBWW出身

FLLは人生で大切なすべてのことを学べる最高の機会です。ぜひ良いチームメンバーを集め全国大会、いや世界大会を目指し自分の持ちうるすべてを捧げてがんばってください。

結城敬美さん／カナダ アルバータ州立 Lethbridge College 2年生ロボット科学教育クレファス武蔵小杉校チームMusa-Kos出身

FLLはロボットだけではなく、いろいろなことに興味をもって取り組むと本当にたのしむことができると思うので、チャレンジ精神をもってがんばってほしいです。

塚本真大さん／清教学園高等学校2年生

仲間と目指す世界の大舞台！
現役生、OB、メンターに聞くFLLの魅力

2章

CHAPTER 2

FLLへの挑戦

CHALLENGE
FOR FLL

CHALLENGE FOR FLL

School 1

Tamagawa Gakuen

学校からの挑戦

学校法人

玉川学園

玉川学園ロボット部は、2007年以来、毎年FLLに出場しているベテランチーム。玉川学園は幼稚園から大学までの一貫校で、1～4年生、5～8年生、9～12年生と、4年間ずつで校舎なども分かれる学年編成です。5年生から所属できるロボット部は広くて開放的な部室を持ち、FLL専用エリアまであるほどFLLに情熱を注いでいます。日々互いを刺激し合い、いつでもメンバー同士のコミュニケーションや練習を行える環境を活かし、チームワークを大切に活動を進めています。

現役生　安藤隼（あんどうはやと）さん（中学3年生／2016年度・2017年度参加）

OB　石井秀昌（いしいひでまさ）さん（東京大学2年生／2008年度～2011年度参加）
平山雅也（ひらやままさや）さん（千葉工業大学3年生／2008年度～2011年度参加）

メンター　有川淳（ありかわあつし）さん（玉川学園教諭）

現役生に聞く

お話を聞いた人

安藤隼さん　中学3年生

FLLは自由！ 成功と失敗を繰り返した先のチームワーク

――プログラミングをはじめたきっかけはなんですか？

8歳から12歳までアメリカにいて、夏休みに家族でレゴランドに遊びに行ったとき、マインドストームEV3を買ってもらったことがきっかけでプログラミングをはじめました。インターネット上の動画共有サイトや書籍を参考に、独学で勉強していました。独学のいいところは期限がなく好きなようにやれること。締め切りもテストもありません。自由にできることが魅力だからこそ、好きにやるようになったんだと思います。

――FLLのチームではどんな役割を担当していますか？

プログラミングを担当しています。ぼくはプログラミングの経験もあったし自然に決まりました。

プログラミングは地道な作業で、細かい修正の繰り返しで地味できついですが、成功したときはとてもうれしいし、達成感があります。

——チームはどんな雰囲気ですか？ どのように活動を進めているか教えてください。

はじめはメンバーの予定が合わなくて練習が進まなかったり、まとまりがなかったのですが、だんだん個性がかみ合ってチームがまとまっていきました。やっぱり、みんな思いを持ってやっているので意見がぶつかるときはあります。そういうときはとことん話し合います。新しい意見やアイデアを言った人がみんなにもイメージを持ってもらうために、それを形にすることが多いです。はじめは全員で、ロボットもプレゼンテーションもコアバリューもすべてをくまなくやりますが、だんだんそれぞれの得意分野が現れ、役割が分かれていくといったチームメンバーの変化や成長もおもしろかったです。

——2017年のテーマは『Hydro Dynamics』（水の循環に関するプロジェクト）でしたが、どんなプロジェクトに取り組みましたか？

ぼくたちは飲み水の課題に向き合いました。アフリカなど、飲み水が行き届いていないところでどのように飲み水をつくることができるか考えました。リサーチをしていたら土の中にも水があることを知り、土から水が取れないかと考え、そのための装置をつくりました。土にその装置を

右／安藤さん
左／活動記録ノート

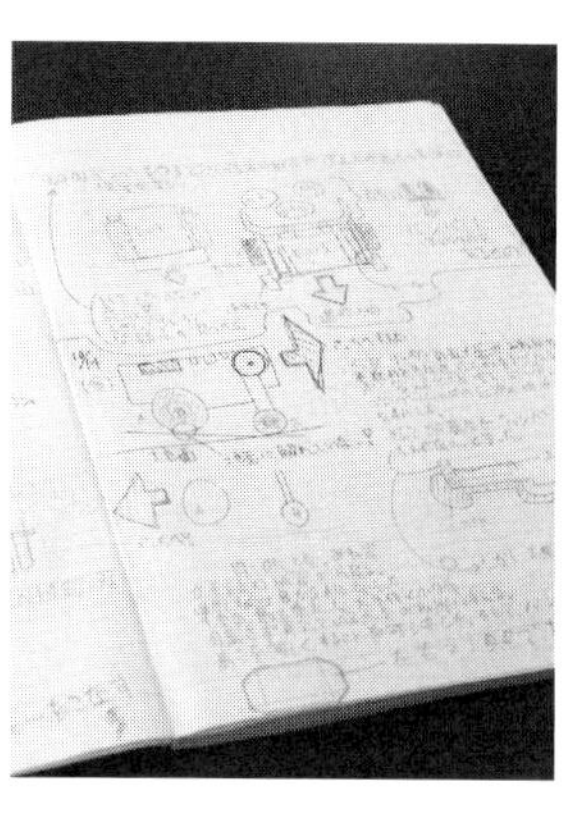

置いて、土の中の水を抽出してフィルターにかけて飲み水にするプロジェクトの提案をまとめました。

——チームのアイデアは、どのようにまとまっていきましたか？

『活動記録ノート』という、みんなのアイデアをまとめるノートがあります。例えばロボットについて話したかったらリーダーに議題を提案して、アイデアを出し合い、リーダーがまとめます。そのようなプロセスを通じて、チームがうまくまとまるにはメリハリをつけることが大事であることを学びました。遊んだりふざけてしまったりして思うように活動が進まないときもあったのですが、遊ぶ時間と練習する時間を分けて、メリハリをつけてからはかなりうまく進みました。

——FLLに参加してよかったことはどんなことでしょうか？

アイデアの出し方や物ごとの進め方がわかったことです。FLLはすごく自由なんです。たくさんのミッションがありますが、何をどうクリアしても、しなくても、なんでもありなんです。プロジェクトも、なんでも考えられるからこそアイデアがいろいろ出てきます。話し合いで、自分にはないアイデアや考えを聞くことでの新しい発見もありました。

「このミッションおもしろそうだからやってみない？」「これ調べてみない？」といろいろと試しながら、自分たちのやり方を見つけるプロセスがすごくおもしろいです。失敗を繰り返しながら何回も試作をつくり、成功したときにはものすごく喜びます。なかでも、ロボット競技のミッションが発表されてから1ヶ月以内で200点達成したことは、学校での新記録にもなり、とてもうれしかったです。

――次回のFLLでは、どんなことに挑戦したいですか？

ロボットをつくる人とプレゼンテーションをする人を前回は分けてみたのですが、次回はそこまで役割分担をきっちりしないでみようと思っています。また、後輩も入れて、ぼくたちの学年とは違う視点やアイデアを取り入れ、学年も役割も混ぜて協働しながら進めてみたいです。

OBに聞く

お話を聞いた人

石井秀昌さん 東京大学2年生
平山雅也さん 千葉工業大学3年生

チームの数だけ答えがある、多様なFLLのおもしろさ

――プログラミングはいつからはじめましたか？

石井　2人とも学校のロボット部がきっかけです。小さい頃から動くものが好きで、平山と2人で2畳くらいのスペースを使って、モーターと電池などを使い鉄道模型をつくるのが毎年の夏休みの自由研究の恒例でした。その流れで自然とロボット部に入りたいと思い、ロボットづくりやプログラミングにも触れるようになりました。

平山　そうですね、プログラミングをやってから「ああこれがプログラミングっていうのか」と気づいたくらいですね（笑）。

――FLLに参加したきっかけはなんでしたか？

平山　小学5年生の夏休みが終わったタイミングで、FLLのロボットを走らせるコートで先輩

右／石井さん
左／平山さん

たちが練習をしていて興味を持ちました。そのあと先生から正式に案内を受けて、参加することになりました。5人全員が同級生のチームでした。

――チームの活動はどんな役割分担で進めていましたか？

平山　部活の方針として、最初はまんべんなくロボットもプログラミングもアタッチメント製作も行います。ぼくもはじめはロボットをつくりたい！という気持ちでいたのですが、まわりの上手な人がどんどんいいロボットをつくる様子を見て「あ、これは勝てない」と思った瞬間がありました。そこでプログラムを究めようと決め、スキル向上のために、クラブ活動の他にも学園祭や他の大会など、いろんなことに挑戦しましたね。経験を積み重ねていくとできるようになることが増えていき、FLLでもプログラムを中心にがんばりました。

チームは、ざっくりとプログラミング担当とロボット担当に分かれていました。ぼくはそのなかでプログラミングを担当していました。メインのロボットの動きは日々仕様が変わります。それに合わせて、さまざまな値を調整することが大変ですが、おもしろいところです。事前にプログラムを調整しておいて、ロボットができたらすぐにプログラムを入れて試走がはじめられるように準備していました。

石井　ぼくはロボットを担当していました。そのなかでも、「ベースマシン」と呼んでいた移動するための部分をつくる役目でした。準備や試走、本番に至るまで何回も走らせても同じ結果が出ないと困るので、緩みが出たり壊れたりしないように細かいところにこだわり工夫していました。多分ぼくの強みは現実的なところなんです。細かいところまでパーツが外れないかどうかものすごく気を遣って……その甲斐あってか、よく、石井のつくるロボットは小さくて丈夫という評判をいただいていました（笑）。

そのように、壊れにくいロボットをつくるのが得意だという強みを見つけられたのは、小学5年生からロボットづくりをはじめて3年経った頃でした。この頃になると、ぼくだけではなくチームメンバーのそれぞれの強みが見えてきました。はじめはチーム内で特に分担を決めていなかったのですが、2、3年経って自然と役割分担ができていたと思います。

――FLLの魅力はどんなところだと思いますか？

石井　ただレゴマインドストームを渡されても手が動かないこともありますが、FLLではミッションが与えられるので、手を動かしやすいことと、アイデアを出しやすいことがまず魅力として挙げられると思います。また、ぼくはFLLの前に参加していたタイムトライアル型の大会が好きになれなかったのですが、FLLにはミッションが複数あって、それぞれの攻略法もそれらの組み合わせ方もたくさんあり、個性を出しやすいところも自分に合っていたと思っています。点数を取るのも本当にいろんなやり方があります。獲得できる点が低くてもクリアしやすそうなミッションからコツコツと進めるのもありだし、一気に大きい点数を獲得できるミッションに集中する方法もありです。あるひとつの動きがうまくいかなくて行き詰まったら、別のところからクリアするという戦略を練ることもできます。そういう風に頭を使えるところがおもしろいです。他の人やチームと同じことをやる必要は全然なくて、多様な答えがあるところが魅力だと思います。

平山　作戦のすべては各チームの強みや戦略によるので、どのミッションを組み合わせて点数をねらい、そのためにどんなロボットの動きやアタッチメントをつくるかはチームに委ねられています。なので、大会の本番、ぼくたちが「こんなの無理でしょ!」と思っていたところを他のチームが簡単にクリアしてる場面を見ると、「すごいな〜、やられたな〜」と思いました（笑）。

――印象的なテーマの年はありますか?

石井　鉄道が好きなこともあって、まずは2009年の『Smart Move』（交通問題に関するプロジェクト）が印象に残っています。提案内容は、今思えば荒唐無稽なアイデアなのですが、チームでの話し合いの結果、トラックの二酸化炭素排出量を課題として選ぶことにしました。荷物の重さを軽くできれば排出量を減らせそうだが荷物を大幅に減らすのはむずかしそうなので、荷物の量を変えずに重さを軽くする方法を考えようという話になり、最終的にはトラックの荷台部分に無重力状態を実現させるアイデアを提案しました。

この年は、挑戦できていたらおもしろそうだったミッションに取り組めず、くやしい思いをしたこともあり、特にロボット競技が印象に残っています。例えばコートの中央にかかっている橋を渡り、相手のコートにロボットをできるだけ近づけるというミッションがありました。橋を渡るロボットを自分たちでつくれたらきっとかっこいいだろうなあと思ったのですが、攻略するのにかかる時間に配点が見合わないと判断して、挑戦しないまま大会が終わってしまいました。それ以外のミッションでも、大会当日の試合中にライントレースがうまくできなくなるハプニングもありました。これは会場のスポットライトがロボットを照らしてしまったからで、次の年から光センサーを使うときは、センサーをきちんと覆うなど気を付けるようになりました。くやしいだけでなく、勉強にもなった年でした。

もうひとつ印象に残っている年は、ぼくが中心となってプロジェクトを進めた『Food Factor』（食の安全に関するプロジェクト）がテーマの2011年です。チームで話し合って食中毒をトピックとして選ぶことにして、まずはどの食べ物をテーマに選ぶか考えました。普段から料理によく使われるけれど、傷みやすいと感じられる食材は何だろうと思って保護者にアンケートをとり、その結果からひき肉をテーマとすることにしました。ひき肉は空気に触れる面積が大きいので傷みやすいのです。そこで、一度加熱してからパックなどに入れてスーパーで売れないかと考えたのですが、ひき肉を一度加熱するとまとまらなくなってしまい、調理しにくくなってしまいます。いろいろと調べていると、食べ物の分子のつながりを切る酵素があるらしい、という話を聞きました。そこから発想を得て、その酵素を一度加熱したひき肉に使うことで、傷みにくく、かつハンバーグなどをつくりやすい、新しいひき肉を提案しました。

プレゼンテーションでは、発表する内容だけでなく、その伝え方も評価されます。『Food Factor』の年は、チームのメンバーが白衣を着たりカメラマン風にカメラを持ったりして、食品メーカーの新製品発表の記者会見風にプレゼンテーションを行いました。

——FLLでの経験が大会以外のこんなところで役立った！というエピソードはありますか？

平山　実は、今朝も3時半に出動したんですが、今、地元で消防団活動をしています。高校時代は生徒会の文化祭実行委員会に入り、大学生になってからは成人式の委員長をやり、興味が向いたところに全部首をつっこみ、仲間と一緒に何かを生み出すことをたのしめるようになったのは

ＦＬＬのおかげかと思います。チームをまとめるのが向いているのかもしれないです。何でもまずやってみよう、と思って首をつっこむタイプですね。何か進めるとき、今は何をすることが必要なのか、優先順位は何？って考えられるのはＦＬＬで得られたことだと思います。

石井　ぼくはＦＬＬでの経験が、高校時代の課外活動や大学受験などで役立ったと感じています。高校では課外活動として校内イベントを企画していて、テーマや講師を決めるところから当日の運営まで自分たちで行っていました。いつまでに何をするのか、そのために何が必要か、と考えて、タスク化しそれを遂行していく、という考え方はＦＬＬでの経験を通して身についたものでした。また、大学受験でも、試験のスケジュールと目標点数、現状のレベルと照らし合わせ、目標のためにやらないといけないこと、その優先順位は何か、ということを考えていました。ＦＬＬのミッションでも「ここは点数にならなそうだからやめておこう」と優先順位やスケジュールを考慮して判断するときがありましたが、受験でも「伸ばすならこの科目だから他の科目はひとまずおいておこう」という計画を立てることができました。

まずは物ごとを大きくいくつかの段階に分けて、それをさらに細かいタスクに落とし込んでからひとつずつ取り組む、という考え方を自然にプログラミングに例えると、まずアルゴリズムを考えて、それをコードにして、あとは１行ずつ実行するだけ、ということだと思います。タスクの種類によってはとても便利な考え方で、助かっています。

メンターに聞く

お話を聞いた人

有川淳さん

自主性を引き出す伴走役

――学校からFLLに参加することの価値はどんなことでしょうか？

学校だと、チームメンバー全員が同じ場所に毎日通っているという良さがあるのではないでしょうか。その日できなかったことがあっても、次の日にまた別のアイデアを試すことができます。そういったチームでの試行錯誤のしやすさは、チームの団結力を高める上でも重要だと感じており、学校から挑戦するメリットのひとつだと思います。また、教科科目のなかでは触れられない、大人ですら知らない新しいことが毎年テーマになることも魅力だと思います。大人でも先回りできないので、生徒たちが自分で動くことにつながります。

幸いなことに、玉川学園は総合学園ですので、大学も研究施設もあります。テーマに近い専門家がキャンパス内にいる場合は学園のリソースを活用します。去年は、環境技術センターという学園内全ての上下水道や給水システムを管理している会社を訪問しました。身体がテーマの年は、

有川さん

キャンパスにあるMRIを保有している施設に見学に行きました。また、生物と物理の先生にインタビューを行うなど、他の科目の先生とも積極的にコミュニケーションをとります。

――生徒のみなさんに接するとき、心がけていることはありますか？

子どもは言われた通りにやるだけでは学べません。「わかんない！」「困った！」と言われても、私は「何がおかしくてこうなるのかな？」「なんでだろうね？」と聞き返します。そうすると「なんでだろう？」と生徒たちも本気で考えます。

指導するメンターはプログラミングのプロである必要はなく、生徒にたくさん考えさせる質問をすることが大切なのではないかと思います。そもそも私は英語が専門なので、自分もプログラミングについては本当にわからないこともあります。ただロボットが動いているのが純粋にたのしくて、生徒の思い通りにロボットが動いているのを見ると本当に感動します。なので、

ロボット部の部室にて

生徒と同じ目線でロボットに向き合い、一緒に本気で考えることができるんです。そうするうちに「ああそうか！」と生徒とひらめく瞬間があったり。基本的に、大会本番では想定外のことが起きても、生徒が自分たちで判断し行動しなければなりません。そのためにも、生徒自ら考えるくせをつけることが本当に大事です。

――生徒を主体的に取り組ませたり、チームワークを活性化させるための工夫は何かありますか？

現役生の安藤くんが『活動記録ノート』の話をしていましたが、生徒自身で、今どれだけできているかを記録にとらせています。できなかった理由や次の対応策を考えることで、何が核心的な課題なのか追究し、チームで共有することが大切だと考えています。また、エクセルでスコアシートを自作させていたりもしますね。

『活動記録ノート』が生まれたのは、ロボット大会で世界大会にも出場した女子3人組のチームがきっかけでした。あるとき、ロボット部に小学部の文化祭でなにか出展してほしいという依頼があり、最終的にUFOキャッチャーを製作したのですが、彼女たちは「小学生がたのしめるためにはどんな遊びがいいだろう?」とそもそも何をするかを考えるのに数週間も費やしていたんです。わたし自身、そんな彼女たちから学び、FLL参加チームにも、そもそも何をするのかという話し合いにたくさんの時間をかけるよう促します。「早くロボットをつくりたくて仕方ないと思うけど、まずは作戦会議をしなさい」と。

――FLLに参加した前後で、生徒のみなさんはどんな風に変わりますか?

分析的に物ごとを考えたり、限られた時間で目標を達成するために順序立て、何が課題かを見極めて優先順位を考えて進めるようになりました。FLLの活動が勉強面にも活かされているのか、実際に部員の進学率も良くなっているんです。

大会本番では、10分間だけ試走できるんですね。そのときの生徒の様子を見ていると、一瞬走らせただけですぐ何かを変更するんです。目の付け所が違うなと感心しますね。見た瞬間に問題点がわかるというのは、分析的思考が身についているのだなとそのとき思いました。

CHALLENGE FOR FLL

School 2

Toin Gakuen

学校からの挑戦

学校法人

桐蔭学園

桐蔭学園では1990年からパソコンでの学習を取り入れ、小学2年生からすべての子どもたちがプログラミングを学習する環境が整っています。全員がプログラミングを体験するなかで、さらにプログラミングを極めたい！ロボットにも挑戦したい！と思った子どもたちが、ロボットクラブに集まりFLLに挑戦します。

現役生　黒沼惟織（くろぬまいおり）さん（中等部4年生／2014年度〜2017年度）
長谷川恭佑（はせがわきょうすけ）さん（中等部3年生／2015年度）
山本凛太郎（やまもとりんたろう）さん（小学部6年生）

OB　樋口奎（ひぐちけい）さん（電気通信大学3年生／2009年度〜2012年度）

メンター　松枝秀樹（まつえだひでき）さん（桐蔭学園幼稚部・小学部教頭）／玉置雅史（たまおきまさふみ）さん（桐蔭学園職員）

現役生に聞く

お話を聞いた人

黒沼惟織さん　中等部4年生
長谷川恭佑さん　中等部3年生
山本凛太郎さん　小学部6年生

FLLで学んだコミュニケーション力の大切さ

――ロボットクラブに入ろうと思ったきっかけや、FLLに参加してよかったことについて教えてください。

黒沼　小学5年生の授業でロボットを学んだことでプログラミングに興味を持ち、さらに学校のクラブが世界大会に参加していると聞いたことで入ろうと思いました。はじめた頃はむずかしいプログラミングもできるようになりたくて夢中で続けていましたが、今は、大会でどうにか結果を出したくて続けています。

長谷川　父親が機械関係の仕事をしていたのがきっかけでプログラミングに興味を持ちました。また、3年生のとき、FLLに参加した友達のお兄さんの話を聞いてとてもおもしろそうだと思い、6年生でクラブに入りました。FLLは毎回テーマや目標が変わりおもしろいです。競うだけじゃなくスピーチやロボットデザインでも、賞があるところも好きです。障害物などミッショ

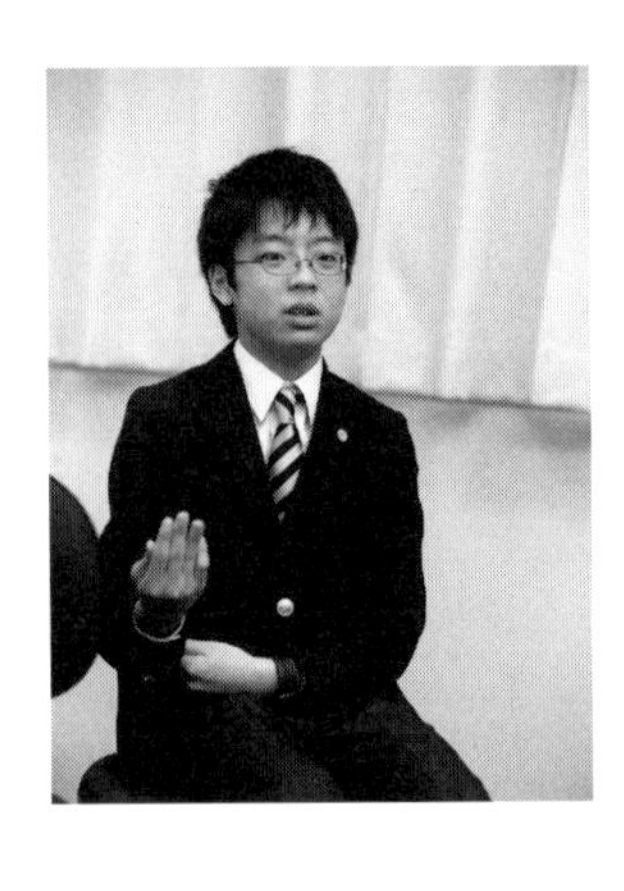

左／黒沼さん
右／長谷川さん

ンがたくさんあるところがおもしろいと思います。

山本　ぼくは、自分で何かつくることが大好きなんです。小さい頃から、おもちゃを解体してまた組み立てることや工作が好きでした。パソコンもプログラムも大好きで、ロボットやFLLに興味を持ちました。FLLにはこれからの挑戦ですが、まずは全国大会で勝ち進むことを目標に、いろいろな先輩たちと一緒にがんばりたいと思っています。

――チームの様子や、役割分担について教えてください。

長谷川　小学6年生のときはリーダーとしてチームに関わりました。最初はロボットも担当していましたが、プログラミングをやっているうちにぼくはプログラミングが向いているなと思い、主にプログラミングの担当になりました。プログラミングは、パソコンがあればどこでもできるのもたのしいですね。ロボット担当と協力しながら進めることにもやりがいがあります。ロボットクラブに入った全員が小さい頃からの友達で話しやす

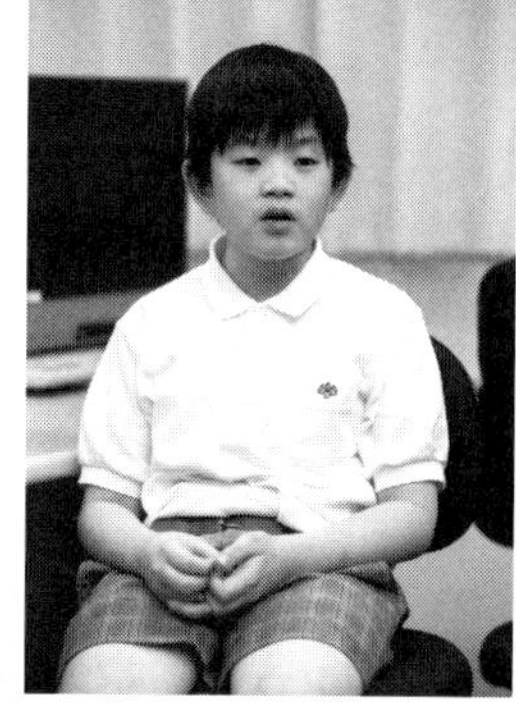

右／山本さん

かったこともあり、考え方が違ったり意見が合わなかったりしたこともありましたが、話し合いを重ねることで最終的にはまとまりました。

――印象的なテーマの年はありますか？

黒沼　2017年の『Hydro Dynamics』（水の循環に関するプロジェクト）でのリサーチで、山をきれいにすれば川もきれいになり、だんだん海もきれいになることを知りました。その循環を実現・維持するためには、山で伐採した木をバイオマス発電で有効活用できれば、コスト面でも可能性が高まるのではないかと思い、そんなプランを提案しました。この年では水がテーマでしたが、エネルギーや環境問題と関連付けることで新しいアイデアが生まれることを学びました。リサーチ段階では、まずみんなでひたすらテーマにまつわる問題を調べます。次に、なぜ、その問題が起きているのかについて考え、今も改善されてないことをピックアップしながらアイデアをまとめます。例えば、現在すでに行われている取り組みをさらに改善するにはどうしたらよいかを考えたり、ひとつの視点だけではなく多面的・多角的な視点で考えたりすることを大切にします。

長谷川　2015年の『Trash Trek』（ゴミ問題に関するプロジェクト）で、ぼくらは生ゴミを入れておくだけで肥料になる仕組みを考えました。生ごみ処理機を全家庭に普及させて、つくった飼料を市役所が買いとり、処理機の購入費も市役所や区役所などの行政・自治体が補助する仕組みをつくれないかと提案しました。

――FLLを通して身についたことについて教えてください。

黒沼　コミュニケーションを密にとる大切さを学びました。メンバーとも先生ともしっかり話をすることで、間違いが修正されることに気づくことができました。また、チームには年齢の差があるので、できるだけフレンドリーにするよう心がけることを大事にしていました。FLL以外の場で発表するときも緊張しなくなったのもよかったです。

長谷川　ぼくは、「多分こうかな？」と曖昧なまま進めてしまうと、あとで失敗することを痛感しました。ミスをなくし、よいチームワークで活動を進めるためには、きちんとメンバーと話し合い、確かめ合いながら進めたほうがうまくいくことが経験からわかってきました。

OBに聞く

お話を聞いた人

樋口奎さん

電気通信大学3年生

世界大会でのチャレンジ

――FLLで印象的な年はありますか?

世界大会に出場できた、2009年の小学6年生のときが一番印象的です。テーマは『Smart Move』(交通問題に関するプロジェクト)でした。全国大会で4位になり、トルコで行われた世界大会に行くことができました。世界大会は、52チーム中プログラミング部門で1位、ロボットデザイン部門で世界2位という成績をおさめることができました。参加自体がはじめての年で、「先輩たちに負けないぞ」という気持ちもあり、とても印象的な年です。

――1位になったプログラミング部門では、どのようなところが評価されたと思いますか?

ミッションで400点満点にはならなかったのですが、プレゼンテーションと機能面を併せて評価していただきました。日本だと審査して終わりなんですが、世界大会にはコールバックという

左／樋口さん

仕組みがあり、見込みのあるチームはもう一度呼ばれて審査員が他の審査員にプレゼンしてくれるんです。

その年のコートは、全体的に複雑なミッション構成でした。なかでも、大きなローラーを乗り越えるミッションが難関でした。ぼくたちのチームが特徴的だったのは、ローラーを乗り越えるために自分たちでスロープを設置し、その上を乗り越えることでクリアする、というアイデアを実現したことだと思います。スロープを使うというアイデア自体、他のチームにはないものでした。ローラーの前にはロボットと同じ幅の大きな橋もあり、その橋に当たらずにスロープを設置し、見事乗り越えたチームとして評価をいただきました。そのスロープ自体も、最初の試作品を3つくらいつくって一番良い方法を探しました。

――プロジェクトではどのような提案をしましたか？

まず、身近なところから考えることを出発点にしました。桐蔭学園は、総合学園なので園児・児童・生徒・学生、そして教職員の人数がすごく多いんですが、なんとも交通の便が悪いんです。毎日バスや電車が混雑するのが身近な課題で、何か代替案がつくれないかなと考えました。そこで、近くに流れている鶴見川に水上バスを通して、利便性をあげられないかとプレゼンテーションで提案しました。プレゼンテーションはもちろん英語です。英語科の先生やネイティブの先生に協力してもらってプレゼンテーションの練習をしました。

——FLLで経験できてよかったことや、身についたことはどんなことですか?

ぼくの場合は、将来の方向性が決まったことがとてもよかったことのひとつです。もともと科学的なことには興味がありましたが、FLLでロボットの制御を探究しているうちに、ますます合っているんじゃないかと感じました。現在は、大学でロボット工学を勉強しています。卒業後は、人間の身近な生活に関わるロボットをつくりたいと思っています。スマートフォンなどのデジタルデバイスがひとり1台という時代になっているように、ロボットにもそういう時代が来るんじゃないかと思います。ロボットがもっと身近になると、できることが広がります。世界のさまざまな分野でロボットの力が活用できると思います。ロボットがより身近な技術になったとき、ぼくが貢献できることを広げるためにさまざまなことを勉強していきたいと思います。

メンターに聞く

変動する世界で渡り合うための力を身につけられるFLL

お話を聞いた人

松枝秀樹さん
玉置雅史さん

——FLLに出場するようになったきっかけはなんですか？

松枝　本校では、1990年からパソコンでの学習を導入しています。当初からロゴライターというプログラミング言語を活用して、図形を描くなどのプログラミング教育を推進していました。2003年からはプログラミング以外にも、ワードでの文書作成をはじめ、パワーポイントでのスライド作成、エクセルでのグラフ作成、さらにはホームページ作成も行ってきました。特にプログラミング教育は、数学的な考え方や、物ごとを順序立てて考える力、論理的思考力、創造力を身につけるために有効です。国語や算数など他の教科でもそういった力は身につきますが、遊びながら直感的に学ぶことができるところに価値を感じました。プログラミングで図形を描くためには、図形の角度についての知識が必要となります。そうした知識を楽しみながら身につける

右／松枝さん
左／玉置さん

ことで、さらに他の教科での学びも深めることができます。2004年に国内でのFLL初大会が開催され、まずは玉置さんに視察してもらいました。その報告を受けて、そこはただのロボットの大会ではなく、リサーチ、プレゼンテーション、チームワーク、ミッションなど、さまざまな教育的価値の高い要素が含まれていることを知り、子どもたちにぜひ経験させたいと強く思いました。今盛んに言われている課題解決型学習に通じる、答えがないものに対して自分なりに答えを導き出すための学習スタイルだと感じました。FLLには自分の教育のねらいがすべて入っていたので、本校での活動とも通じる部分がかなり多く、その活動がそのまま使えそうだとも思いました。こうして、ロボットに興味を持っている子どもたちを集めてクラブをつくり、FLLへの参加をはじめました。

――子どもたちに接する上で心がけていることはどのようなことでしょうか？

玉置　まずは、「自分たちの大会」であるという意識を持たせるようにしています。大会で勝利してトロフィーをもらったとき、みんなと一緒に協力して勝ち取ったトロフィーだったら本当に喜ぶことができます。そういう気持ちを持てるような指導を目指しています。そのために一番大事にしているのは、コミュニケーションの第一歩である「挨拶」と「返事」です。私は「言葉のキャッチボールを大切にしよう！」と、子どもたちによく言っています。常に言葉をかけ合ってコミュニケーションをとっていれば、相手がどんな人なのか、今どんなことを考えているのか、どんな状態なのかがわかります。お互いの良いところがもっとよくなり、悪いところを注意し合えるのが「真のチームワーク」だと信じて、日々の指導をしています。

プロジェクトのリサーチを進めるときは、まず手当たり次第に情報を書き出し、さまざまな材料を集めます。ピラミッドによく例えるのですが、土台が大きくないと頑丈なピラミッドはつくれません。物ごとを多面的・多角的に見るためにも、まずは自分たちのインプットを多く、厚くすることが大切です。そして、それらをあらゆる方法で組み合わせ、個々のアイデアをアウトプットし、検討し、吟味して、納得した上で共有し合うことで、自分たち自身の「オリジナル」が形づくられていくのです。

――ＦＬＬの魅力や教育的価値はどのようなところだと思いますか？

松枝　ＦＬＬの価値は、情報化やグローバル化がますます進み、変動するこれからの世界で渡り合っていくためのさまざまな力を身につけられるところにあると思います。現実で直面するこれらの課題を、自分たちならどう解決するかということをＦＬＬでは常に問われ、子どもたちは答えのない課題に向き合うことになります。そこではスキルを身につけることだけが目的ではなく、結果的にいろんなことができるようになり、さらにたくさんのアイデアや意欲がわいてきます。ＦＬＬでは、教科書の中だけでは得られない「学び」が実現できるのです。また、ＦＬＬのプロジェクトで大切なのは、ただのアイデアではなく、明確な根拠があることです。アイデアを裏付けるために専門家の話を聞き、実現性を高めることが重要視されています。大学や保護者、知り合いのネットワークを活用し、毎年児童・生徒たちとともにさまざまな場所へ取材や見学に行ったり、情報収集をしたりしています。自分の仮説の実現性や有効性を検証していく経験は、将来非常に役に立つことだろうと思います。本校でも実践していますが、まさに今の教育界で求められている「アクティブラーニング」そのものであると感じています。
この活動を通じて、論理的思考力や創造力の伸長はもとより、能動性・協働性・探究心も育まれ、コミュニケーション能力やプレゼンテーション力、そして、課題解決能力の向上に至るまで、これからの世界・社会が求める「新しい学力観」につながる点では、教育的価値が大変高い活動であると確信しています。

CHALLENGE FOR FLL

School 3

Junior High School, Nara University of Education

学校からの挑戦

国立大学法人

奈良教育大学附属中学校

2005年からFLLに参加する、奈良教育大学附属中学校科学部。これまで、関西大会や西日本大会での幾度もの優勝、また全国大会での総合優勝の経験もあり、世界大会への出場を何度も果たした大活躍のチームのひとつです。FLLに参加した子どもたちは「人」として大きく成長し、中学卒業後もさまざまなことに意欲的かつ主体的に取り組むようになることも多いと、メンターの葉山さんは言います。

OB　小野秀悟（おのしゅうご）（高校3年生／2013年度〜2015年度参加）

メンター　葉山泰三（はやまたいぞう）さん（奈良教育大学付属中学校教諭）

OBに聞く

お話を聞いた人

小野秀悟さん 高校3年生

答えのない問いに挑戦する力が養われたFLLでの経験

――FLLに参加したいと思ったきっかけを教えてください。

クラブ活動の先輩がFLLに挑戦していたことでFLLのことを知りました。ロボット競技だけでなく、研究の成果を発表する「プロジェクト」というプレゼンテーション競技があることにとても魅かれました。さらに、努力次第で世界につながることができる大会だということを知り、参加しました。

――チームでの役割はどのようなことでしたか？

チーム内では、プロジェクトのリーダーを務めました。プロジェクトに必要な聞き取り調査のアポをとったり、原稿、プレゼンテーションの資料を作成していました。プロジェクトの調査で行き詰まったときは、話し合う場を設けていました。はじめは知らないメンバー同士で、お互いのことがよくわからずに戸惑うこともありましたが、全国大会などいろいろな大会に参加し、他のチームとの交流を通じて刺激を受け、モチベーションが向上したことを覚えています。また、ひとつ上の先輩のチームに負けてたまるかというライバル意識も私たちを強くしてくれたと感じています。

――印象的なプロジェクトはありますか？

２０１３年『Nature's Fury』（自然災害に関するプロジェクト）が特に印象的です。わたしたちは、災害から子どもたちをいかに守るかということを考えました。救助ロボットをつくるというアプローチではなく、教育に視点を向けて、防災教育のための映像やパンフレットをつくりました。まずメンバーで防災センターを訪れ、どのような対策が必要なのか、子どもたちに明確に伝えられるようにするための調査を行いました。そして、レゴの人形やブロックを駆使して、災害時の危険から命や身を守る術を学べる教育用の映像をつくりました。さらに、奈良県教育委員会や奈良教育大学の先生からもアドバイスをいただきながら教材の改良を重ね、実際に小学生への研究授業を行って、その学習効果の検証を行うこともできました。

――ＦＬＬで身についたことや、学んだことはどのようなことですか？

ひとつめは、「研究のたのしさ」です。ＦＬＬのテーマは抽象的で、そこからたくさんのアイデアをふくらませることが可能です。しかし、その中から実際に実現できるものを調査して、発表につなげるのはそう簡単にはいきません。はじめは分からないことだらけで、アイデアも形になるまで時間がかかるので不安に感じるのですが、調査を進め、普段会えないたくさんの人と出会って、真剣に話し、実現に向けたアドバイスをもらうことでだんだん形になっていきます。未知だったものを自らの手で現実へと近づけられたとき、ＦＬＬをやっていてよかったと思いました。２つめは、「交流による学び」です。西日本大会、全国大会、世界大会の３つを経験してきましたが、その３つどれも学ぶことがいっぱいでした。他のチームの研究内容を見ながら「このような考え方もあったのか！」「この考えは自分のチームにも応用できないだろうか？」と考えることで、自分たちの研究や活動の向上にもつながりました。世界大会は、さまざまな国や文化圏の方々と直接交流できる場面にあふれていたので、多くの刺激を受けるとともに、異文化理解の大変よい機会にもなりました。また、他国の技術力の高さに圧倒される場面も多々あったのですが、おかげで、さらなる工夫や研究の必要性も実感できました。このような実体験を通した貴重な学びを数多く得られることこそが、ＦＬＬの大きな魅力だと思います。

――現在のご活動に、FLLでの経験が活かされていることはありますか？

わたしは高校で、FLLで研究していたプロジェクションマッピングの技術を活かして、国際ビジネスコンテストや学校行事、また企業のイベントなどでオリジナル作品を発表しました。そのような新しい挑戦において、「答えは常に自分で探さねばならない」という社会の現実に直面したのです。しかしわたしは、その逆境を楽しんでいました。わたしがそのようにポジティブに活動できたのは、実はFLLのおかげだったのです。FLLにおいては「答え」を探し求める活動は当たり前です。わたしは、審査員の方々が「あっ！」とびっくりするようなプレゼンをしようと、常にこだわりをもってFLLの活動に取り組んでいました。そのかいあってか、創造力もずいぶん鍛えられたように思います。そして、FLLでの学びこそが、「人と同じ道を歩くのではなく、自分だけのオリジナルの考え方を大切する」という、今の自分の生き方の軸をつくってくれたのだ、と実感できています。

――FLLの魅力はどのようなことだと思いますか？

FLLのおもしろさは、その過程にあると思います。ロボットを完成させるまでにどれだけチームメンバーと話し合いを重ねたか、どのくらい他の意見を取り入れたのか。自分たちの考えたアイデアを形にするまでに、どれだけの人と出会い、どれだけの調査を行ったのかという過程が大切です。大会なのでどうしても勝ち負けが決まってしまいますが、ＦＬＬは、それだけではない、見えないところの努力を評価してくれる大会であると感じています。例えば、大会に参加すると、自分たちの研究をアピールするブースが設けられます。採点基準には入ってないと思いつつも、他のチームとの交流をどれだけ行えているのか、自分のチームのよさを他人にどれだけ表現できるのかは非常に大切です。見えないところでこそがんばる。そのような意識も大いに高まりました。

――将来の夢や、これから挑戦したいことはありますか？

ＦＬＬで養った研究の仕方や思考の整理方法を応用しながら、プロジェクションマッピングをはじめとした映像分野での研究やコンピューターグラフィックの研究を行いたいと思っています。今の学びが、将来どのようにつながるかわかりませんが、いつか大きくつながるときがくると信じて、たくさんの経験を積んでいきたいと思っています。

メンターに聞く

お話を聞いた人

葉山泰三さん

「答えは必ず自分たちで探させる」。子どもたちを大きく成長させるには？

――ＦＬＬに参加したよかったことはどのようなことでしょうか？

ＦＬＬは、単なるロボット工学やプログラミングの学習にはとどまりません。テーマに沿って行う研究発表や、ＦＬＬの活動を通した自らの「学び」や「成長」をプレゼンテーションする学習プロセスを通して、子どもたちは、これからの時代に特に必要とされる「主体的に学ぶ力」「創造力」「協働する力」などを実に効果的に身につけていくことができるのです。さらに、世界大会へ出場した子どもたちは、世界各国の技術力の高さや、コミュニケーション能力の高さを肌で学びとることにより、価値観や意識そのものが大きく変化し、大会後の学習姿勢も確実によくなります。ＦＬＬは、子どもたちを「人」としても大きく成長させてくれるので、参加して非常によかったと毎年実感しています。

――ＦＬＬの参加前後で、子どもたちはどのように変わりましたか？

まず、ＦＬＬの活動は、「主体的に学ぶ力」「創造力」「協働する力」などの向上を促します。そして、多岐にわたる探究的な学習活動やさまざまな人とのつながりを通して、「意識」も大きく変化し、その後の「行動への変化」を確実に生み出しています。さらには、子どもたちの人生の方向性にも大きな影響を与える場合もあります。現に本校生徒の中には、ＦＬＬを通して学ぶ意識や姿勢が大きく変化し、高校進学後も、さまざまな探究活動へ積極的にチャレンジし、ロボット以外の国際コンテストなどでも大活躍してくれているうれしい事例があります。

――ＦＬＬの教育的価値はどんなところにあると思いますか？

ＦＬＬは、激変していくこれからの国際社会において活躍できる、「人を創る」教育であると思います。ロボットを入口としながらも、ＦＬＬで学べる内容は実に多岐に渡り、総合的な学習としても非常高い教育効果を有しています。このことは、世界中で何十万人もの子ども達が取り組んでいる実績からも明らかです。日本では、高度な教育を目指す一部の高校において、「スーパー・サイエンス・ハイスクール」という先進的な理数教育や、「スーパー・グローバル・ハイスクール」というハイレベルな国際教育などが行われていますが、ＦＬＬでの学習は、まさに高校で行われている最先端教育の小・中学生版であるとも言えます。ますます変化していく未来社会においても活躍できるような人材を育成していくためには、FLLのような総合的な探究型学習は、欠かせないものになっていくのではないかと考えています。

——生徒たちのプロジェクトに関わる上で、メンターの役割はどのようなことだと考えますか？心がけている指導やファシリテーションがあれば教えてください。

メンターとして一番大切にしているのは、「ヒントは与えるが、答えは必ず自分たちで探させる」という指導方法です。今の日本においては、受験勉強に力を入れるあまり、「知識を習得する勉強」に偏ってしまうケースが少なくありません。そのため、じっくり深く考える学習からどんどん遠ざかってしまっている子もたくさんいます。探究することのたのしさは、自分自身で答えを見つけたときの感動がベースとなって、はじめて実感できるものなのです。FLLを通して特に身につけさせたい力は「知識を詰め込む力」ではなく、「答えを探し出したり、練り出したりする力」であると考えています。またメンターとしては、答えを探し出すことを効果的に促す「より良質なヒント」を出すように、日々心がけています。

——生徒たちに自発的に取り組ませるために、どんな工夫や声かけ、指導を行いましたか？

自発的に取り組む生徒を育てるため、まず、各自のモチベーションを上げるための工夫は意識的に取り入れました。そのひとつが、子どもたちの活動の成果を「きちんと評価」する取り組みです。日頃からの子どもたちの活動をしっかりと観察し、地道にコツコツと頑張っている子どもにも必ずスポットを当てて評価するようにしています。また、各自が陰で地味に努力している点などもしっかりと評価するようにし、メンバーそれぞれが自己肯定感や達成感を感じ取れる活動になるようにも心がけました。もちろん、ときにはちゃんと活動できていない子どもがいるケースもあるので、その場合には、その状況を改善できるようなアドバイスを、粘り強く、かつ丁寧に積み重ねるように心がけました。そしてときには、失敗することもあえて体験させ、そのくやしさをバネにして、より自発的に取り組む気持ちになるような工夫も加えました。

――なぜプログラミング教育が必要だと考えますか？　プログラミング教育の意義や魅力、可能性についてお聞かせください。

プログラミング教育は、自分の考えた理論が、制御するロボットを通して、すぐに正しいかどうかがフィードバックされるので、論理的な思考力を鍛えるのには非常に適しています。また、知識を習得するタイプの学習とは違い、答えを練り出す力を育成できるタイプの学習なので、問題解決能力の育成にも効果的です。さらに、プログラミングを通して、仲間とディスカッションを

プレゼンテーションの様子

繰り返す中で、コミュニケーション能力の育成も図れます。ただし、プログラミング教育も教え方を誤ると、単なる知識の詰め込みになってしまいます。指導者がその特性を十分に理解し、子どもたちのどのような能力を鍛えたいのかをしっかり意識して指導にあたることが、今後より大切になってくると思われます。

――FLLへの参加は、課題解決型学習やアクティブラーニングとどのようなつながりや相乗効果が生まれると考えますか？

FLLは、まさに課題解決型学習そのものであり、アクティブラーニングの要素も満載です。FLLでしっかり学んだ子たちは、文部科学省から示された新学習指導要領でも大切にされている「主体性」「多様性」「協働性」などを基盤としつつ、「思考力」「判断力」「表現力」などの重要な「生きる力」を確実に身につけていくことが期待できます。ただしFLLの教育は、メンターが十分に考えながら指導を行っていかなければ、よりよい学びには発展していきません。

既存の「知識習得型」に偏った学習スタイルから脱却し、目指したい「課題解決型」を増やした学習スタイルを子どもたちに会得させるためには、まず指導者が意識を大きく変え、指導方法をも発展させていく必要があるのです。今後日本で、FLLのような「課題解決型学習」を本当に普及させていくためには、その指導を担える人材をより多く育成していくことこそが、その成功の鍵になっていくのではないかと考えています。

CHALLENGE FOR FLL

Private School 1

Crefus Team BWW

塾・教室からの挑戦

チームBWW

ロボット科学教育クレファス新百合ヶ丘校

クレファスに通う有志で結成されたチームBWWは、2012年の結成以来毎年メンバーは入れ替わりながらも現在も継続して活動をしています。3回の世界大会への出場経験もあるチームBWWの現役生、OB、メンター経験者の方にお話を伺いました。

現役生	梶野貴史さん（中学2年生／2017年度参加）
	金原明生さん（高校1年生／2017年度参加）
OB	山田笙一郎さん（東京大学1年生／2012～2013年度参加）
	増倉明寛さん（名古屋大学2年生／2012～2013年度参加）
メンター	増倉武さん（2013年度チームBWWメンター）

現役生に聞く

お話を聞いた人

梶野貴史さん　中学2年生
金原明生さん　高校1年生

学校も学年も異なるチームでの出場で得たもの

――プログラミングをはじめたきっかけはなんですか?

梶野　『ロボット科学教育クレファス』の授業でプログラムに触れたのがきっかけです。プログラミングをしているときは、ロボットが思い通りに動いたときが一番うれしいです。またプログラムは「もし」を問うことが大切なので、物ごとを多面的に見る力が身についたと思っています。

金原　小学4年生からクレファスに通い、レゴマインドストームでプログラミングを学びました。アイコンをつなげるだけでいろいろな動作ができて、とてもおもしろいと思いました。最初に習ったのはクレファスの中澤先生で、「世界大会に出てみたくない?」、「絶対に世界大会に行ける!!」といつも声をかけてくれていたおかげで、今の自分があると思っています。

――チームBWWはどのようなチームですか?

梶野　和気あいあいとしていて、居心地のいいチームです。ぼくは全てのプレゼンを担当しました。人前での発表や、チームでのプロジェクトはＦＬＬ以外ではなかなかできないと思っています。それらを経験できたのはとても良かったです。

金原　今回は、ＦＬＬの交流会で仲よくなったメンバーでチームを組みました。もともとみんな違うチームに所属していたのですが、とても明るくたのしい雰囲気で活動を行っています。このチームは各々の役割が明確で、それぞれの個性が活かせていると思います。

――２０１７年は『Hydro Dynamics』（水の循環に関するプロジェクト）がテーマでしたが、どのようなプロジェクトに取り組みましたか？

金原　まずは自分たちの身近な問題に焦点を当てました。調べていくうちに水道水に含まれる塩素という問題点を発見しました。そこで日常生活で水道水が最も多く肌に多く触れるお風呂に着目し、塩素の除去を自分たちの課題にし、簡単に解決できる方法を考えました。その方法は茶殻を使用するもので、飲料メーカーが実施している茶殻リサイクルとコラボする案なども考えました。

――ＦＬＬに参加してよかったことはどんなことですか？

梶野　プレゼンテーションや、話し合いを通じたコミュニケーション力、発表する力がつきました。学校での調べ学習での発表、グループ討論でもその力は役立っています。ＦＬＬには間違いがほとんどありません。打ち込んだ分だけ強くなります。自分の得意なことを見つけ、それを好きになるのがＦＬＬの第一歩だと思います。

金原　学校も学年も違う人たちとの交流、世界大会への出場によっていろいろな国の人たちとの交流ができたこと、チームで味わう達成感を得られたことです。また、ＦＬＬにチャレンジしたことでプレゼンテーション能力が上がり、自分が通う学校説明会のプレゼンターに抜擢されました。

――これからチャレンジしたいことや、夢はありますか？

梶野　今の夢はソフトウェアエンジニアです。情報技術をより学んでいきたいと思っています。

金原　ロボットエンジニアになりたいです。まずはpython（パイソン）というプログラミング言語の勉強をはじめたいと思っています。

OBに聞く

お話を聞いた人

山田笙一郎さん　東京大学1年生
増倉明寛さん　名古屋大学2年生

FLLで学んだチームワークの大切さとは？

――どのようなチームでしたか？

山田　活動時間外でもメンバー一人ひとりがFLLのことで頭がいっぱいで、FLLがたのしい！という顔をしていました。直接点数に結びつかないこともやろうとするチームだったのですが、チームのルーティーンをつくったり、英語だけで活動する時間を設けました。そのような工夫が、チームがよりひとつになる助けとなっていたように思います。ぼくのチーム内での役割は、リーダーが不在時のチームマネジメント、ロボットの総括、ロボット製作でした。

増倉　ぼくはチームのリーダーだったのですが、やはりチームをひとつにまとめて引っ張っていくという経験ができたことは大きかったです。参加1年目はみんな和やかで、とりあえずたのしもう！という雰囲気でした。2年目は、本気で世界大会に出場しようということで、団結して目標に向かっていきました。

――FLLで取り組んだ印象的なプロジェクトを教えてください。

山田　ぼくが参加した初年度、2012年のテーマは『Senior Solutions』（高齢者問題に関するプロジェクト）で、お年寄りとコミュニケーションをとる方法としてテレビ電話を提案しました。画面とカメラの位置が違うためにお互いの目を見て話せないというテレビ電話の課題点を解決する方法を考えました。また、2回目の参加となった2013年は『Nature's Fury』（自然災害に関するプロジェクト）がテーマでした。大規模な自然災害の際に、通常の携帯電話の回線やネットが使えなくなったとき、携帯電話同士や街に設置された機器同士をBluetoothを用いて新たなネットワークをつくり、連絡を取り合うという案を提案しました。

――FLLという経験ができてよかったことはどのようなことですか？

山田　FLLに参加するまでは、研究やものづくりは自分の好きなようにできるのでひとりで作業するほうが好きでした。しかし、FLLに参加したことで、自分とはまったく違うものの見方や発想を知ることが、いいものをつくる上でいかに必要か、いかに発展を早めるかということを痛感し、チームを組む大切さを学びました。

自分はもともとハードウェアの工夫だけで多くのことを解決しようという思考が強かったのですが、FLLを経験してハードウェアとソフトウェアのバランスがいかに大事かも学び、今では課題にぶつかるたびにハードウェアとソフトウェアの両面から解決しようとするようになりました。

増倉　ＦＬＬはロボットだけでなく、総合力が試される大会です。広い視点で物ごとを見ることができるようになりました。

――現在の大学生活について教えてください。

山田　東京大学理科Ｉ類に所属しています。将来自分の研究したいことを精一杯できる環境に身を置きたいと考えて選びました。数学や物理をしっかり学んだ後、航空やエンジンの分野で世界的に貢献できる研究をしていきたいと思っています。

増倉　名古屋大学理学部で物理を学んでいます。高校時代に習ったことがきちんと体系づけられて整理されるのでとてもおもしろいです。この進路を選んだ理由は、高校時代に数学と物理の関わり合いが興味深いと思ったからです。この物理や自然科学のおもしろさを一般の人に伝えられるようになりたいです。

メンターに聞く

お話を聞いた人

増倉武さん

コアバリューを実現するためのメンターの役割とは？

――チーム結成の経緯について教えてください。

増倉　チームＢＷＷは『ロボット科学教育クレファス』の新百合ヶ丘教室に一緒に通っていたメンバーを中心に構成されています。２０１２年にＦＬＬに初参加し、翌年の世界大会に初出場することができました。それ以降もメンバー、メンターは入れ替わっていますがチームとしては存続しており、今年度を含めてトータルで３回世界大会に出場しています。わたしはチーム結成時の２０１２年からサポートしており、２０１３年の世界大会出場時にメンターとして活動しました。

――ＦＬＬの教育的価値はどのようなところだと思いますか？

増倉　ＦＬＬのプログラムの素晴らしいところは単なるロボット競技だけではなく、社会課題への取り組みなどさまざまな要素が盛り込まれていること、それらの活動を支える精神がきちんと考慮されていることではないかと思います。チームの活動はコアバリューに規定された内容に従う必要があり、これにはチームメンバーだけではなく、関わる大人の振る舞い方についても言及されています。「勝つことよりも何を学んだかが大事」など明確に記述されており、勝敗だけにこだわる大会とは一線を画しています。また、毎年取り組む社会課題は、大きなテーマが与えられ、それに関するどのような課題を解決するかをチームで決定することからスタートします。解くべき課題を正しく定義することは科学技術のとても大切な要素だと思いますので、そのようなプロセスをこの年代から経験できることは、間違いなく将来より専門的な勉強をする際に役に立つと確信しています。通常この年代の子どもたちは決められた枠組みの中で与えられた課題を解くことが多いのではないかと思いますが、課題を自分で見つけなければならないＦＬＬの活動はまさに課題解決型の活動といえるのではないかと思います。

――ＦＬＬにおけるメンターの役割はどのようなことだと思いますか？

増倉　メンターはプロセスを整えるだけで、「すべての決定はチームが行う」ことを徹底するのがとても重要だと考えています。メンターや保護者の目からは、チームメンバーの活動や解決策にはたくさんの改善点が見えてしまい、それらに対してコアバリューで規定された範囲を超えて関わりたくなるときもありますが、チームが失敗する自由を大人が奪ってしまってはいけないと思います。準備を進めていく際に、明らかに抜けている要素などについては問題提起をすることはありましたが、わたし自身も越えてはいけない一線を越えないよう、メンバーにもプレッシャーがかからないような環境を確保することを心がけていました。
プレゼンテーションの内容を聞かせてもらう機会があれば自分なりのアドバイスや問題提起はしますが、わたしが話した内容をどう扱うかはチームの決定が最優先であり、その意味では、わたしが話した内容を取り込まなくてもまったく構わない、と必ず話すようにしていました。この点については、チームに誤解が生じないよう、繰り返し声をかけていました。

――FLLを通して、子どもたちはどのように変わりましたか？

増倉 チームで活動する大切さを学べたと思います。個人よりもチームで活動するほうが、大きな成果を達成できることに気づいたメンバーも多いです。歴代のBWWは4名から8名程度で活動していますが、それぞれの得意分野を活かしてチームに貢献し、チームでさまざまな課題を解決するプロセスを経験できることは素晴らしいと思います。また、世界大会に出場できたことにより、世界で自分たちの活動がどのくらい通用するのか、しないのかを肌で感じることができました。この経験はメンバーの将来にとって有益だったと思います。

CHALLENGE FOR FLL

Private School 2

Aiz Academy Team First Fujisan

塾・教室からの挑戦

アイズアカデミー チーム ファースト フジサン

山梨県甲府市で、レゴ・作文・速読などさまざまな体験を通して考える力を育む教室アイズアカデミーでは、2009年から毎年FLLに参加し、10チームが世界大会に出場しています。今回は、2018年の世界大会で見事、総合準優勝という成績をおさめた現役生チームのみなさん、2009年の創設メンバーのOB生の方などにFLLでの経験について、たっぷりお話を伺いました。

現役生	雨宮琢磨（あめみやたくま）さん（山梨学院中学校3年生／2015年度～2017年度参加）
	井山友偉（いやまゆうだい）さん（山梨大学附属中学校3年生／2015年度～2017年度参加）
	宮田穣（みやたじょう）さん（甲府市立西中学校3年生／2015年度～2017年度参加）
	志村里桜（しむらりお）さん（山梨大学附属中学校3年生／2012年度～2017年度参加）
OB	平嶋友裕（ひらしまともひろ）さん（山梨学院高等学校３年生／2012年度～2014年度参加）
	志村啓紀（しむらけいき）さん（甲陵高等学校３年生／2010年度～2014年度参加）
	志村開智（しむらかいち）さん （東京農工大学大学院博士前期課程1年／2009年度参加）
メンター	志村裕一（しむらゆういち）さん（アイズアカデミー代表）

現役生に聞く

お話を聞いた人

雨宮琢磨さん　山梨学院中学校3年生
井山友偉さん　山梨大学附属中学校3年生
宮田穣さん　甲府市立西中学校3年生
志村里桜さん　山梨大学附属中学校3年生

チームの力を高めるコアバリューの大切さ

――2017年『Hydro Dynamics』（水の循環に関するプロジェクト）で取り組んだことについて教えてください。

志村　わたしたちは、『Bye-Bye Germs』というペットボトル内部での菌の繁殖を防ぐペットボトルキャップを開発しました。ペットボトルを常温で放置すると、内部で菌がたくさん繁殖してしまい、そのまま飲むとお腹を壊すなどの危険があります。特に災害時の避難所だと冷蔵庫も浄水器も使えず飲み水が清潔に保てなくなってしまうことを知り、簡単な仕組みで菌の増殖を抑えられないかと考えました。

井山　普通はフィルターを使ってゴミを取りますが、フィルター自体の生産も手間もお金もかかります。菌が繁殖する大きな原因は、飲むたびに水が逆流することにありました。ぼくらは、県内の専門機関に見学に行き、学校でアンケートもとるなどいろいろと調査を進めた結果、逆流し

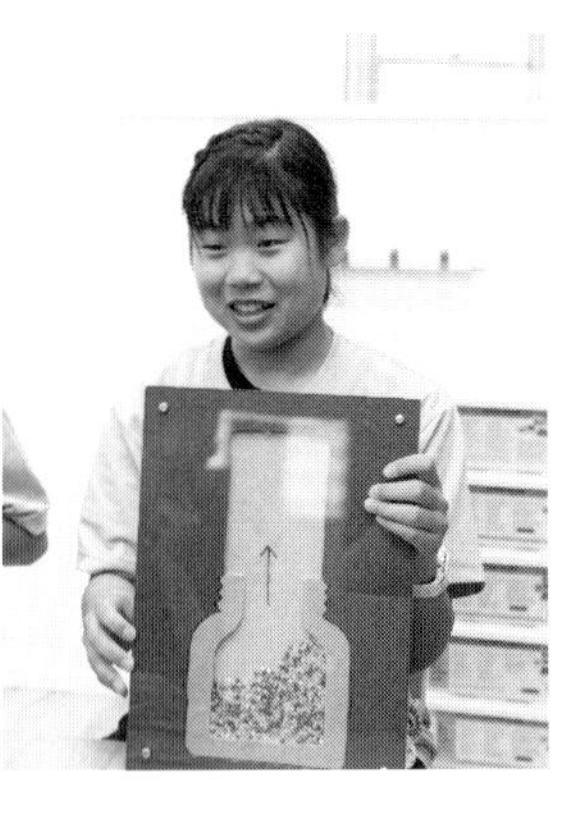

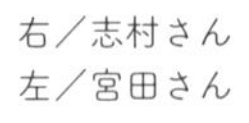

右／志村さん
左／宮田さん

ない・安い・電気を使わない、など避難所で使用するための条件を考えました。『Bye-Bye Germs』は、その形状によって水が逆流せずに菌の繁殖を防ぐ仕組みになっています。

宮田　プロトタイプができたあとは、効果があるか実験をしました。その結果、『Bye-Bye Germs』を使用すると、菌がまったく検出されず、菌の繁殖が抑えられることがわかりました。

志村　大会でのプレゼンテーションの伝え方も工夫しました。ニュース形式で、リポーターが避難所のおばあちゃんにインタビューをして、避難所で困っていることを聞いて実際に製品を使ってもらって感想を聞く、という設定で行いました。

――日々の活動は週2回とのことですが、限られた時間でどのように活動を進めていますか？

志村さん　みんながすべてに関わっていけるように、プロジェクト、プログラミング、ロボットごとの担当は設けていません。役割としては、リーダーの他に、プロジェクト、コアバリュー、

右／井山さん
左／雨宮さん

ロボットそれぞれで進捗を管理するマネージャーが全体のスケジュールや進捗を管理しています。

――今回総合準優勝を獲得した世界大会はどうでしたか？　世界大会で刺激を受けたことなどはありますか？

志村　やっぱり世界大会はレベルが高くて、世界各国のチームから刺激をたくさんいただきました。

宮田　生活排水をトイレの水に使うことで節約できないか、と考えるチームがいて、実用的でいいアイデアだと思いました。ぼくらのプロジェクトもブースで展示をしたのですが「Very simple」って言われてうれしかったですね。

雨宮　アメリカのチームが、牡蠣は汚れた水をきれいにするという性質を使って、牡蠣の育成と水質改善を一緒に行うアイデアを発表していました。アイデアももちろん素晴らしいのですがプレゼンテーションもおもしろかったです。頭に貝の帽子をかぶった演劇をしていて、練習量の多さが伝わってきました。

井山　去年の世界大会で、同じホテルにロボットのバッテリーが壊れてしまったアメリカのチームがいて、ぼくらの予備バッテリーを貸しました。それを使って彼らは無事にロボット競技を続けることができました。そうしたら今シーズンの世界大会前に彼らが感謝のメールを送ってくれて、すごくうれしかったです。大会ではライバルですが、お互いＦＬＬの仲間として助け合うことを大切にしています。

――日常生活でＦＬＬでの学びが生かされていることや、ＦＬＬを通して変わったことはありますか？

雨宮　実生活から丸ごと変われたという実感があります。昔は、あまりうまく笑えなかったのですが、ＦＬＬを通したとても深くておもしろい体験のおかげで、笑顔が増えました。チームで取り組むことと新しいものをつくりだすおもしろさを知ったので、これからもチームで何か新しいものを生み出すということを続けていきたいですね。

井山　ＦＬＬをはじめて2年目、ふと「敬意と優しさを持ったプロ精神」っていうコアバリューのよさに改めて気づきました。ぼくはテニス部ですが、テニスっていかに相手を負かすか、いかに相手の嫌なところにボールを飛ばすかを考える頭脳戦なんです。相手がミスしたらラッキー！なんです。でも、ＦＬＬは向かう姿勢が根本から違う。ＦＬＬでは、もし相手のロボットがミスして

も「ラッキー！」と喜ぶことなんてないです。チームでやることに主眼を置いているので、けなすなんてしたくないし、しないほうがお互いの交流が深まることを知っているからです。コアバリューのよさに気づいてから、日頃の意識も変わりました。

宮田　ぼくはいろいろな面から物ごとを見ることをコアバリューから学びました。ひとつの面から見ていたらだれの意見も取り入れられないし、自分の意見を守ることだけに徹することになっちゃう。あとは、オリジナルなものをつくるという意識が高まりました。ただ他のチームのアイデアややり方を真似してもおもしろくないし、達成感もありません。

志村　わたしは日常をすごく大事にするようになりました。普段できないことは、本番でもできません。普段笑顔でいられれば本番も笑顔でいられるということを、ＦＬＬを通して実感できました。普段の練習では、頷きながら人の話を聞き、目を見て話すことを大切にしています。ＦＬＬをはじめた頃と、そういうことを意識したここ何年かを比較すると、自分の話の伝わり方や、自分の心に他の人の話が入ってくる感じが全然違います。

――これからＦＬＬに挑戦する後輩たちへ伝えたいことはありますか？

志村　やっぱり一番は、「普段を大切に」ってことですね。

井山　ＦＬＬをやって悪いことはないです。きっと人生を大きく変える力があると思います。ぼくは小学校の頃すごい人見知りだったんです。でも、人と話すことが怖くなくなり、自信が持てたのもＦＬＬのおかげです。最初は不安もたくさんありましたが、やれて本当によかったです。

宮田　オリジナルのものをつくり、思いっきりたのしもうよってことですね。そのほうが自信を持てるし、達成感にもつながる。自分たちのチームにしかできないものがあったら格好いいです。進んだ先には、きっと何かいいものがあるので、あきらめずにがんばってほしいです。

雨宮　まずはチームの土台を固めていってほしいと思います。チームがバラバラだったらいいものはできません。みんなが参加することでいいものができていきます。

OBに聞く

お話を聞いた人
平嶋友裕さん 山梨学院高等学校3年生
志村啓紀さん 甲陵高等学校3年生
志村開智さん 東京農工大学大学院博士前期課程1年

「MORE THAN ROBOTS」！ 想像以上の価値がある経験

——FLLで印象的なテーマの年はありますか？

平嶋 2013年の『Nature's Fury』（自然災害に関するプロジェクト）でぼくたちが提案した『ハイマザラン』は、火山灰を除去するための装置です。問題提起としては、富士山の近い山梨において、噴火時の火山灰の被害の低減化です。本当に噴火が起きたら、ぶどうや桃などの果物農家への被害が深刻です。そこで、誰でも簡単に火山灰を除去できる方法として、軽い力で押せる大きなシャベル『ハイマザラン』を提案しました。これは、運べるだけではなく、移動しながら火山灰が袋に入り、袋は自動で縛る仕組みです。専門家や身近の方々にアンケートを取り、有効性も検証しました。

啓紀 2014年の『World Class』（新しい教育に関するプロジェクト）では、ぼくがリーダーとなり、パズル型教材をつくりました。日本の教育はまだまだ知識偏重型で、偏差値が高い人が

右／志村啓紀さん
左／志村開智さん

認められます。ですが、どんどんテクノロジーが入ってきて、自分たちの職業がロボットに置き換わってしまう時代に必要な教育ってなにか？と考えたとき、ぼくらはイノベーションを起こせる人間を育むための教育だと考えました。

平嶋　一見すると関係のないキーワードが書かれているカードの事柄を組み合わせて、新しい発明品をつくるカードとアクティビティを提案しました。例えば、iPhoneはそれまで別々のものだった携帯と音楽プレーヤーを一緒にしたことで新しい価値が生まれました。そのように、AIには代替できない人間ならではの創造力を養うことを目的としました。

開智　それまでもプログラミングの経験はありましたが、FLLに参加した2009年に、中学2年生ではじめてロボットプログラミングを学びました。その年は『Smart Move』（交通問題に関するプロジェクト）がテーマで、ぼくらは、2000年代はじめに山梨が実証実験場所となり話題になっていたリニアモーターカーに注目しました。リニアモーターカーのメリットは、

平嶋さん

単に速いというだけではなく、環境にもよく、山や坂にも強いところ。そのメリットを生かしてリニアの技術で『富士登山鉄道』を実現し、交通問題と環境問題を解決する計画を提案しました。

――世界大会で印象的なことはありますか？

啓紀　最後に出場した世界大会でベスト4に残り、世界のたくさんのチームの前でロボットを動かせたことがうれしかったです。他のチームから、「このやり方は自分たちでは考えられなかった」と言われたことにすごくやりがいも感じました。

平嶋　ぼくは、2013年の世界大会で欧米チームの考え方に衝撃を受けました。例えば、その年はロボット競技でボウリングのミッションがあったのですが、ある欧米のチームはボウリングピンを自分たちのほうに寄せてからシュートをしていました（笑）。確かに、規定では禁止事項にはなってない。日本人だと「ルールに従う」という考え方が一般的ですが、欧米の「ルールの隙をつく」という考え方におどろきました。

——世界大会でもベスト4に残るなど、そのような結果を残せた自分たちのチームの強みはなんだったと思いますか？

平嶋　極限状態にあっても自分のやるべきことをやる、ということに徹底していたことだと思います。焦っているときにも、みんなでアイデアを出し合い、落ち着いてメリットとデメリットを考え、少しでもよりいい方法を選ぶことをとても大切にしていました。

——これから挑戦したいことや現在の夢はありますか？

啓紀　大学では工学部を志望しています。FLLでは、世界の誰も考えないようなことを生み出すおもしろさを知りました。他の誰も考えられないようなロボットをつくるたのしさを知り、将来もそういう仕事ができればと思っています。

平嶋　ぼくは、教育関係の道に進もうと思っています。アメリカの世界大会に行ったとき、当時のオバマ大統領のビデオメッセージが流れ、本当にたくさんの企業が支援している様子を見ました。国も企業も一丸となってこれからを生きる子どもたちの新しい教育をサポートしていることにすごい衝撃を受けました。日本でもこのような動きを広めていきたいです。

開智　現在は大学院で宇宙工学の研究をしています。有名な小惑星探査機「はやぶさ」は、エンジンの寿命が短く、途中で壊れてしまいました。ぼくはその寿命をできる限り伸ばせる、プラズマエンジンの効率化について日々研究しています。

――FLLをやってきてよかったことはどのようなことでしょうか？

開智　ロボットやプログラミングに限らず、コアバリューやプレゼンテーション、世界中の人たちとの交流など、FLLでは本当にいろいろな経験ができます。将来何をするにしても役立つことが得られるのではないかと思います。何が課題で、何をする必要があり、どのように進めていくかという目標に至るまでのプロセスを考える力が、大学院の研究でも生かされています。

啓紀　FLLはただスキルを競うロボットコンテストとは全然違います。アメリカのFLLの会場に「MORE THAN ROBOTS」と書かれたポスターが貼ってあったのですが、まさにその通りで、チーム内での活動、プレゼンテーションなど、積極的で自発的な行動をとることは他のコンテストではできない経験だと思います。

平嶋　集団の中での自分の役割について考えられたことがよかったです。とてもひとりじゃ成し遂げられない活動の中では、みんなの役割、自分の役割を考えざるを得ません。チームや集団のために何をするか？という意識は高校に入ってからもさまざまな活動で活かされています。

メンターに聞く

お話を聞いた人

志村裕一さん

コアバリューを実践する普段の活動とは？

――ＦＬＬへの参加のきっかけはなんでしたか？

わたしは教育に関する問題意識をずっと持っていて、これからの時代の教育はこのままでいいのか？ということをずっと考えていました。何かを生み出せる創造力を子どもたちに持たせたいと、２００２年からアイズアカデミーをはじめました。そして２００５年からレゴ教室をはじめましたが、当時は幼児から小学３、４年生までを対象とする、プログラミングやロボット要素のない、ブロックでさまざまなものをつくりながら思考力・創造力を育むカリキュラムでした。ですが子どもたちが大きくなるにつれてもっとやりたいという声も出て、どうしようかと思っていたとき、２００８年、日本で行われた世界大会を見学に行きました。

実は、当初はＦＬＬに参加する気持ちはなかったのですが、結局、丸一日会場にいて大会をずっと見ていました。ＦＬＬにのめり込んでしまったのです。会場のアリーナで、世界中の子どもた

ちがもみくちゃになって戦ったり議論したり、「一体何が起きているのかわからないけどこれはすごい！」と衝撃を受けたのです。この輪の真ん中に、自分の生徒たちを入れたい！と強く思いました。

――FLLに参加する子どもたちには、どんな変化がありますか？

うちの教室には、ロボット未経験の子や内向的な子も多いのですが、変わろうという意欲を持つ子どもたちが多いのです。以前在籍していた生徒で、つい仲間の悪口を言ってケンカしてしまう子がいましたが、FLLを続けていくうちにチームの大切さに気づき、気遣いができるようになりました。後輩に知っていることを教えたり、嫌々やっていたことも積極的になったのです。その子の変化がすごくて、「ああ、こんなに子どもって変わるんだ」と実感したことは、ぼくの最初の頃の成功体験ですね。FLLは取り組む期間が長いので、小さな成功体験を毎日重ねていけます。もちろん失敗もしますが、それさえ学びにできます。そんな学びや成功を積み重ねていくと、ひとりよりみんなでやるほうがうまくいくことに自分で気がつくので、そのような変化が生まれていくのではないでしょうか。

――これまでに印象的だった年はありますか？

2014年、甲府で114cmの記録的な大雪が降りました。山梨県は一週間ほど他県から断絶され、食べ物も届かない、救急車も走れないという異常事態。その大雪の日が、ちょうど全国大会の前日。出場は絶望的でした。ですがそんな中でも、子どもたちが歩いて教室にやってきたのです。中には20㎞も歩いてきた生徒もいました。そして「先生、大会行きましょう！」と言う。この年の2チームは東日本大会で優勝・準優勝をしていたので、世界を目指す気持ちがそれほど強かったのです。でも駅のホームよりも雪が高く降り積もり、なんとか行かせたかったのですが、結局わたしたちは全国大会には向かえませんでした。

でも、子どもたちの「世界大会に行けなくても全部出し切りたい」という願いを事務局のみなさんに聞いてもらい、賞も取れないし世界大会にも行けないけれどスカイプで大会とつなぎ、パソコン越しにロボット競技とプレゼンテーションをやり切りました。つらい経験でしたが、子どもたちは腐らず怠けずFLLを続け、次の年は全国大会で総合優勝を果たしました

――総合準優勝を獲得した今年の世界大会はいかがでしたか？

これまで、部門優勝はとれても総合賞はどうしてもとれませんでした。今年は、今度こそと思って臨んだ世界大会でもありました。そのなかでも活動中に大切にしたのはコアバリューです。お互いに尊重し合う、人のアイデアを否定しない、人の話を聞く、敬意を持って接する、そういったコアバリューの精神を徹底したことが、総合準優勝をとれたひとつの秘訣だったのではないかと思います。

FLLの魅力は、探究とコアバリューにあると思っています。世界大会に数回出場した頃、日本と海外のチームの差はコアバリューにあることに気づき、普段の練習でも、コアバリューを実践する学びへと変化させました。いいプロジェクト、いいロボットをつくるためには、コアバリューの考え方がベースにあることが本当に大切だと思います。「勝つことより発見することが大事」とコアバリューにありますが、まさにそういうことなんです。大会だから負けることもあるんですが、チームの活動で気づくたくさんのこと、そういうことが非常に大切だと思います。

コアバリューでは、尊重し合い、敬意を持って話を聞くことを大事にします。議論はしてもやっつけない。そんな精神をみんなが理解し行動したほうが、活動はよりよく進むことを子どもたちは実感しています。実際、2018年の世界大会ではコアバリューの評価がとても高かったです。

「君たちがたのしんでいる様子、自信を持っている様子、熱意を持っている様子がわかった」と審査員の方から言われたのです。それを聞いて、ぼくは心からうれしくなりました。

――普段の活動で、生徒に接するときに心がけていることはありますか？

ひとつひとつの活動について、「何のためにやるのか？」ということをしっかり考えさせます。意味や目的を見失った状態で調べものなどをしてもいいものは生まれません。基本的にぼくの役割は、ティーチャーではなくファシリテーターです。モチベーションを上げたり、インスパイアしたり。でもときには、子どもからインスパイア、モチベートされることがあります。そういうときは本当に幸せです。

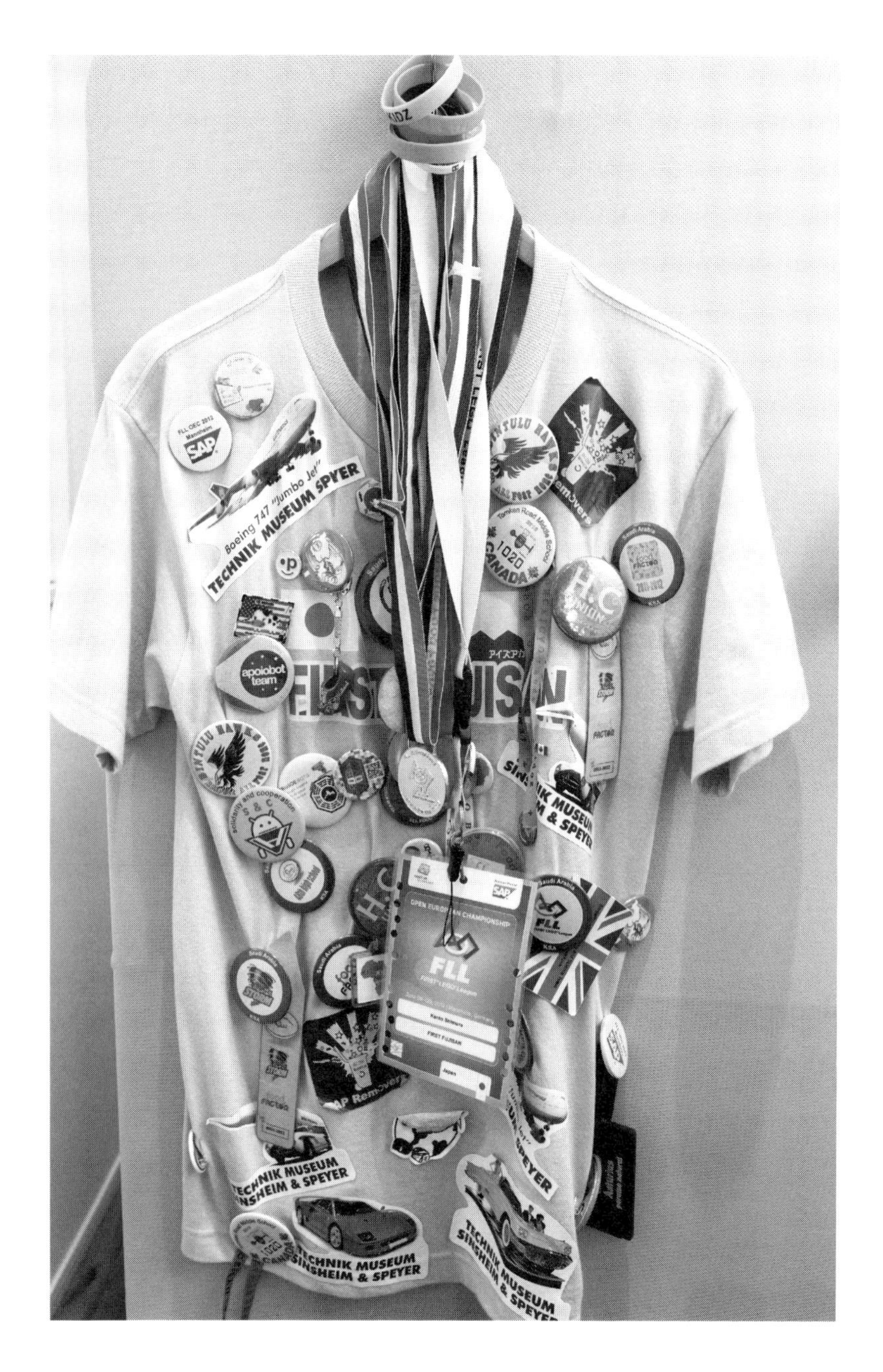
FLL OEC 2012
Mannheim
SAP
Boeing 747 "Jumbo Jet"
TECHNIK MUSEUM SPEYER
1020
CANADA
apoiobot
team
Solidarity and cooperation
S & C
OPEN EUROPEAN CHAMPIONSHIP
FLL
Saudi Arabia
TECHNIK MUSEUM
SINSHEIM & SPEYER
TECHNIK MUSEUM
SINSHEIM & SPEYER
TECHNIK MUSEUM
SINSHEIM & SPEYER

6歳からはじめるSTEM教育

FLLジュニアの挑戦

FLLジュニアの活動内容

1 テーマ学習

通常のFLL同様に、毎年テーマが設定されます。テーマにもとづいた学習やリサーチを経て、課題点を探ります。

(例)2017年テーマ　水のぼうけん
水はどこから来るんだろう?どのようにして自分の家まで来るのかな?使ったあとの水はどうなるの?そんな水の旅について学び、よりよい水の使い方と処理の方法を考えます。

2 モデル製作

テーマに沿ってチームで学習した内容をプログラミングで

6歳から10歳が対象のFLLジュニア*は2000年に開始され、これまで41カ国、6万8千人の子どもたちが参加しています(2018年現在)。2016年から日本でも導入され、これまで国内66チームが参加しています。使用する教材は、レゴマインドストームよりも低学年向けに開発されたレゴWeDo2.0。たのしみながら学び、チームワークを通してコアバリュー精神を育てていくことが重視されています。

*日本では小学1年生から小学3年生までを対象に実施

動くモデルを製作して表現します。

(例)ポンプをつくろう!

2017年に出題されたオブジェクトは水を給水・排水するためのポンプ。次ページから紹介するロボット科学教室クレファスのチームは、制作したポンプを中心に、レゴブロックを使って水の流れを表現しました。

3 ポスターづくり

リサーチ結果や問題点をポスターにまとめます。

4 プレゼンテーション

大会で審査員の前で活動の成果を発表します。

FLL JUNIOR

Crefus Kicks

FLLジュニアの挑戦

最強アクア アルティメットチーム

ロボット科学教育クレファス　ジュニアエリート Kicks

チーム『最強アクアアルティメット』のみなさんにお話を伺いました。ジュニアは、通常のFLLと比べて、よりメンターや保護者の関わりが重要になります。FLLジュニアに取り組む期間、4人の子どもたちはどのような日々を送ってきたのでしょうか？

現役生	矢野太一さん（小学4年生）
	山﨑遥さん（小学4年生）
	原健斗さん（小学4年生）
	大屋諒さん（小学3年生）
メンター	植木優介さん（ロボット科学教育クレファス講師）
	保護者のみなさま

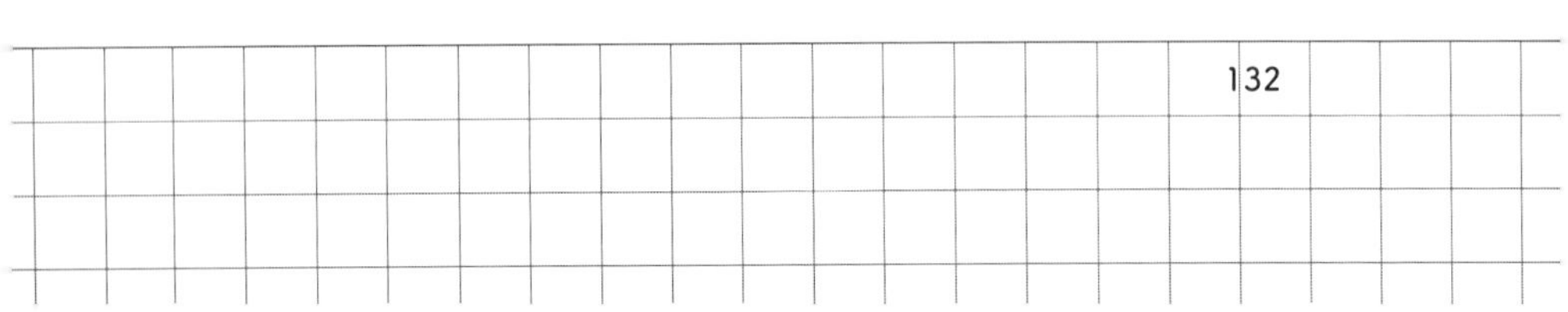

山﨑さん

矢野さん

原さん

大屋さん

1 子どもたちに聞く

――プログラミングをいつからはじめましたか？

矢野　小学1年生から。

山﨑　小学2年生から。

原　小学3年生から。

大屋　小学1年生から。

――プログラミングをはじめて、変わったことやうれしかったことはありますか？

矢野　プログラミングをすることで生きることがたのしくなった！　たぶん、好きなことができてたのしくなったんだと思う。英語とかもたのしいけどなんかものたりないなあって思って、プログラミングが生活にやってきたことで生きるのがたのしくなった。

山﨑　もともとべつのブロックおもちゃで遊んでたけど、教室に通ってレゴが大好きになった。大会で作品をつくってたらプログラミングも大好きになった。

原　将来はゲーム会社ではたらきたいので、プログラミングは将来のためにも勉強していて、もっとスキルアップしたい。

大屋　上手になると、できることがどんどん増えるのがたのしい。やれることが増えれば増えるほど、動かせることが増えてうれしい。

――世界大会はどうでしたか？

山﨑　プレゼンテーションは緊張するけど、終わったあとは「ああ、やったなあ」って。

矢野　毎日がたのしかった！

原　達成感がある！　すごくたのしかった。

大屋　英語でなにを言ってるかよくわからなかったけど、それでも海外の人たちとおしゃべりしたことがたのしかった！

——海外の子どもたちとはどんな交流をしましたか？

大屋　「どこに住んでるの？」と英語で話したりして、アメリカ、韓国、オーストラリア、ベネズエラ、いろんな国の人がいた。しゃべれることは自分で話すようにしていました。あと、韓国の人たちが、韓国の伝統衣装のチマチョゴリを着せてくれました。

矢野　海外の人たちの作品は、ぼくたちのよりもものすごくでかいし、目立つ。水をはこびながらロボットが動いていたり、見てるだけでもすごかった。ぼくたちのチームにはないものもたくさんあった。あと、ぼくたちはチーム名の書いたシールをつくって海外の子たちにくばりました。シールをあげた代わりにバッチやえんぴつやおかしをもらえてうれしかったです。

山﨑　世界大会には、また絶対に行きたい。英語はちゃんとわからないけど、言い方とか、つくってるものとか見ると、大体気持ちは伝わるんだなって思った。

——どんなプロジェクトにとりくみましたか？

山﨑　オブジェクト製作では、水がぼくたちのところに来るまでを表すために貯水槽と浄水場をつくりました。貯水槽から水が流れるようにうまく仕組みをつくるのが大変でした。

矢野　話し合いのはじめは、『水の旅』ってテーマのなかでも、プールとか海とか飲み水とかいろんなアイデアが出ました。最終的に飲み水にして、名古屋の浄水場で資料をもらったり、インターネットや図書館の本で水のことを調べました。水をきれいにするために生きものを使ってることにおどろいたり、いろんな発見があったのもおもしろかったです。

——これから挑戦したいことは？

矢野　まずはクレファスをがんばりたい。いつか、人が入れる大きさの名古屋城をレゴでつくりたい。センサーをつけて、いろんなカラクリがあったりするおもしろい名古屋城。

山﨑　大会に出て、もっともっとレベルアップしたい。チームスピリット以外の賞も取りたい。

大屋　水の旅のオブジェクトはちょっとごちゃごちゃしちゃったから、もっときれいなものをつくれるようになりたい。

原　夢をかなえるためにも、今はまずプログラミングをがんばっておきたい。

2 保護者に聞く

——プログラミングをはじめて、お子さんに変化はありましたか？

「プログラミングは間違っていると思うように動かないので、一回であきらめることが減りましたね。根気よく最後までがんばるようになりました。」

「ロボットをがんばりたいとか、名古屋大学でレゴやロボットをやりたいとか、夢ができたのが本当によかったです。」

「世界大会に出てからは、学校の作文でも感想を書いたり、自分が世界大会に行ったことをまわりに自慢してます（笑）。本人にすごく自信がついたんでしょうね。ひとつでも自分の得意なことが見つかってよかったなと思います。」

——FLLジュニア、世界大会を経験させてよかったことはどんなことでしょうか?

「以前英語の塾に通わせたことがあるのですが、当時は〝英語大嫌い!〟と、恐怖心でいっぱいになって帰って来てしまったんです。でも、世界大会でプログラミングと英語が合体して、友達と話せなかったりプレゼンテーションの審査員からの質問に返せなかったりして、本人も悔しかったのか、〝また英語やりたい〟って言い出したんです。次は世界大会でもっと話せるようになりたい、という意欲と目標ができたこともうれしかったです。」

「世界大会で子どもが世界の大きさを知れたことがよかったです。それまでは学校のクラスや教室で一番になることが目標だったのが、世界に行ったことで、もっとがんばらないといけないことや具体的な目標ができたようです。次へのステップができたのがとてもよかったと思います。」

「ロボットをつくるということは、いろんな世界につながるっていうことなんだなと実感しています。『水の旅』のリサーチのために浄水器をつくるためにも、位置エネルギーなどの理科の知識も必要だったり。嫌いな勉強と好きなプログラミングを合体させて、いろんなことに興味を持ち自分から調べるようになりましたね。」

「世界大会で海外に目を向ける経験ができるだけでも、本人にとって大きなチャンスになりました。FLLは、個人でやるのではなくチームで挑戦するのがとてもいいですね。自分の意見を言いながらも周りの意見を取り入れて、チームとしてよりいいものをつくるプロセスを体験できるのがいいと思います。」

③ メンターに聞く

――FLLジュニアに挑戦するなかで、子どもたちに変化はありましたか？

植木　チーム結成当初に比べて、お互いのよさを意識したり、単に我を通そうとしなくなりました。最初は自分の意見を通したいので言い合いになることもありましたが、だんだん「この人のこういうところはいいね」と受け入れ合っている様子を見て、心の成長を感じられるようになりました。普段のレッスンでは宿題は出さないのですが、FLLでは調べ物などの課題を出しました。そうすると、結構細かいところまで調べて来てくれて。調べる喜びを知っていったのかなと思います。このチームは一見バラバラなのですが、プレゼンテーションになるとパリッとひとつの意識になるんです。まとまりながら話すプレゼンの姿勢がすごく評価されました。

――議論やアイデアをまとめるプロセスなどはどのように進めていきましたか？

植木　『水の旅』という世界共通のテーマのなかで、このチームは〝飲み水〟にしぼってとりくみました。飲み水に決まる前は、まずはみんなで水はどんなところで使われているかということについて調べました。そうすると、水って身近だけど知らないことがたくさんあるねということを認識できて、水はどこから来るの？という話題になりました。そこから、どこできれいにしているのか、どこから運ばれてきているのか、ということを考えました。

今回のオブジェクト製作の課題は、水を出すためのポンプをつくることでした。自分たちの表現したい世界のなかに、ポンプをどう使うか、どう組み込むか、ということを考えます。ぼくたちは飲み水の流れを表したかったので、水をきれいにするところと、自分たちに届くまでの流れを表現することになりました。

――FLLの教育的価値はどんなことだと思いますか?

植木　普段のレッスンでは、個人で作品をつくることが多いのですが、FLLはチームの中で意見を出しつつ他の人の意見のいいところを取り入れながら進めて行きます。衝突をし合いながらも、徐々にチームワークが生まれて行くのもいいことだなと思います。特にFLLジュニアは我がつよい学齢だからこそ、チームでひとつのものを成し遂げる機会は大切だなと感じました。

ぼくは特に思考力を育みたいと考えていて、あえて答えは教えず、レッスンの最後にヒントを教えるように心がけています。自分で答えを導く喜びを知ってもらいたいと思いますね。

また、プレゼンテーションもあるので、人前で話す表現力を養えることもいいところです。どういう言葉を選べばいいか、どうしたら相手に伝わるのか、言葉だけではなく、身振り手振りなど非言語的な要素も活用しながら表現を考えることはとてもいい経験だと思います。

6

世界大会にはぜひ行ってほしいし、そこでいろいろなものを学んでほしいです。しかし本当に大切なのは、自分が世界レベルになることです。どんどん新しい挑戦をしてください。ロボットや実験自体に失敗はありません。

松岡風我さん / 帝塚山高等学校2年生

MESSAGE FROM OB/OG

OB・OG生からのメッセージ

7

世界大会に出場することは大会以外にも異文化の風土・文化を学ぶ機会になるため、本当に良い経験になると思う。だから出場を目指してがんばってほしい。また、FLLに参加するまでにはたくさんの人との関わりがあるが、絶対に、感謝を忘れないでほしいと思う。

大江宏明さん / 帝塚山高等学校2年生

8

FLLを通して普段では経験のできないことを多く経験することができるので、少しでも興味があるのであれば是非参加してみてください。たのしいです。

宇田真尋さん / 18歳 / ロボット科学教育クレファス南浦和校チームUSB出身

9

お祭りのようにたのしみながら、プレゼンテーションの方法やプログラミングの基礎、たくさんの人とのコミュニケーションなど、これだけのことを学べる機会はそうそうありません。ここでの経験は必ず将来の役に立ちます。チーム内での担当の仕事だけにとどまらず、そのほかの仕事にも積極的に関わっていくことが大切だと思います。

須山光樹さん / チームFalcons

10

とりあえずたのしめ！何事もたのしむのが一番。でも、一生懸命やらないとたのしめないです。思いっきりたのしめ！

T.Sさん / 慶應義塾大学 / チームSAP Edisons

11

FLLに参加する上で最も大切なのは"We have fun"。たのしむことです。どうしたらチーム全体がたのしめるか、そして他の世界中のチームとそれを共有できるか、ということを常に意識して活動してほしいと思います。

山田笙一郎さん / 東京大学理科一類 / クレファス新百合ヶ丘 チームBWW出身

メンターのファシリテーション、保護者の支え、企業の支援
大人たちが考えるSTEM教育の重要性！

3章

CHAPTER 3

FLLの子どもを支える大人たち

VOICE FROM SUPPORTERS

FROM MENTOR

Tetsuya Kobayashi

子どもたちを支えるメンターの力

小林哲也さん

チーム
Universal Serial Bus

ロボット科学教育
クレファス
南浦和校
講師

――FLLに参加したきっかけをお聞かせください。

『ロボット科学教育クレファス』に通う生徒の能力を思う存分発揮できる場を提供したいと思い、参加を決めました。長年通っている生徒は、能力も熱意も非常に優れたものを持っている場合が多いのですが、学校や地域ではその能力を発揮できる場がなく、非常にもったいないと感じていました。FLLでは、同年代の子どもたちが真剣に、まるで甲子園を目指すようにがむしゃらに、ロボット競技を行います。そこで、生徒の能力を存分に発揮させてみたいと思いました。

――FLLに参加してよかったことを教えてください。

世界大会に出場し、生徒たちの人生を一変させるような経験ができたことです。自分たちの力で全国大会を勝ち抜き、自信をつけ、そして世界大会では多くのチームや世界中の子どもたちから刺激を受けることができました。あの熱狂は、世界大会に参加していなければ決して味わうことのできなかったものだと思います。

――FLLの参加前と後では、子どもたちはどのように変わりましたか?

あらゆる物ごとに対して挑戦的になりました。はっきりと世界の見方が変わったように思います。子どもたちはFLLを通して解決困難な課題に自発的に取り組み、たのしみながら試行錯誤を繰り返すことによって大きな自信をつけました。それらの経験が、身のまわりの課題に対する積極性を生み、より多くの課題に挑戦的に取り組むようになったのだと思います。

――FLLの教育的価値はどんなところにあると思いますか?

とにかく自分で考えることで、答えを見つける方法を学ぶことにあると思います。FLLで取り組む課題は、はじめは解決がとても困難に見えます。正解もなく、チーム内で意見が割れることもあります。限られた時間の中で解決策を考え、実験して試し、上手くいかない原因を究明します。そうしていく中で、課題への取り組み方を身につけていきます。課題に取り組む前には想像もしなかった素晴らしい成果は、目の前の小さな一歩の繰り返しによるものです。実際に体験した彼らが、そのことをよく知っています。
そのように、ＦＬＬに参加した子どもたちは物ごとに取り組む手法を学びます。しかも自発的で積極的。さらに、多くのたのしみもともないます。そのため、今後学校教育現場で課題解決型学習やアクティブラーニングが実施される際も、彼らは戸惑うことなく挑戦的に活動を行うことができるでしょう。

――ＦＬＬにおけるメンターの役割はどのようなことだと考えますか？　心がけている指導やファシリテーションがあれば教えてください。

一緒に考えること。熱意を共有すること。ＦＬＬにおいて、メンターは先生ではありません。つまり、正解を教えられる存在ではないのです。課題に対して一緒に問題点を共有し、同じように悩みました。彼らの熱意を冷まさぬように環境を整え、一心不乱に取り組みました。

――生徒たちに自発的に取り組ませるために、どんな工夫や声かけ、指導を行いましたか？

「無理だ」と言わないことです。「まずやってみよう」の精神を大切にしました。また、チーム内で担当がひとりになることがないようにしました。これは、同じレベルで物ごとを捉え意見交換ができる様にするためです。チームとして活発に意見交換のできる雰囲気づくりを大切にしました。

FROM MENTOR

Satoshi Kawamoto

子どもたちを支えるメンターの力

河本敏志さん

チームFalcons

任意団体ithinkplus
メンター

――FLLに参加したきっかけを教えてください。

もともとは娘の通う英語塾の活動のひとつとしてFLLに参加していましたが、英語塾の閉鎖にともない、FLLへの挑戦を断念しなければならない状況となりました。しかし、子どもたちのFLLにかける熱意に動かされた保護者が任意団体『ithinkplus』を設立し、FLLへの挑戦を継続することになりました。

――FLLに参加してよかったことを教えてください。

FLLでの「自分の将来は自分で切り拓く」という体験が、子どもたちの進路選択に活かせたのではないかと思います。子どもたちは、何ごともしっかり準備することが大切であると認識し、先を見通すことで時間管理をうまくできるようになりました。また、ＦＬＬに参加できるのは、保護者や地域の方々をはじめ多くの方々に支えられた結果だと認識し、そのことに感謝し、ＦＬＬで培ってきた知識・技術を社会に還元しようと考えるようにもなりました。

――ＦＬＬの教育的価値はどんなところだと思いますか？

コアバリューにあると思います。子どもたちは世界大会進出を目指して、本気でＦＬＬの課題に取り組み、何度も失敗を重ね、くやしい思いをしてきました。答えのないものへの挑戦や失敗は、子どもたちに物ごとをより深く考えさせるよい機会になったと感じています。

また、大学受験や就職活動での集団面接を考えると、ＦＬＬの活動は非常に興味深いと思います。集団討論とはディベートではなく、与えられた課題に対して、その場ではじめて会った者同士が、どのように課題を解決していくかが見られると思います。「声の大きい者の意見だけが通ってはいないか？」「なかなか意見を言えない者の発言をどう引き出すか？」「どう意見を集約するか？」「時間管理はできているか？」などチームとして課題を解決するプロセスのつくり方も見られているのです。これらは、ＦＬＬがＦＬＬに参加するチームに求めていることです。このようなことをＦＬＬに参加することによって身につけることができると思います。

——FLLにおけるメンターの役割はどのようなことだと考えますか？

「どうして？」「なぜ？」と問いかけることです。

——生徒たちに自発的に取り組ませるために、どんな工夫や声かけ、指導を行いましたか？

「なぜFLLに挑戦しているのか？」と日々問いかけることです。『ithinkplus』にとってFLLへ参加することは1年単位のプロジェクトで、子どもたちがFLLに挑戦したいと要望すれば更に1年継続し、希望しなければ参加しないというスタイルをとってきました。よってFLLに挑戦することは子どもたちの意志であり、そのことを常に思い出させていました。また、子どもたちは世界大会の魅力に取り憑かれていたため「世界に行こう！」と声をかけるのも効果的でした。

FROM MENTOR

Tetsuya Fukuda

子どもたちを支えるメンターの力

福田哲也さん

チーム Otemon Space Challenger

追手門学院大手前中・高等学校教諭

――FLLに参加したきっかけを教えてください。

前任校である奈良教育大学附属中学校で、2002年12月、米国の中学校とともにNASAの教育基金をもとに火星探査をテーマにしたロボット教育プロジェクトを立ち上げました。ものづくり、情報通信技術、国際交流を学習内容に組み入れ、生徒の創造力育成、科学技術の向上、ならびに日米友好・交流をねらいとした活動です。その活動をベースに、2005年からFLLに参加しました。それまで日米で交流していた生徒同士、世界の頂点で会おうと約束を交わしました。そして実際に、わたしたちのチームは世界大会で日本チーム初のタイトルを獲得するなど、日本大会だけでなく、世界大会でも生徒たちの活躍を牽引しました。

２０１３年から追手門学院大手前中・高等学校に転勤となりました。２０１４年にロボットサイエンス部を創設し、「宇宙をテーマにしたロボット教育活動の推進」という内容で活動を始めました。前任校でＦＬＬに挑戦していたことを知った生徒が参加を熱望し、２０１６年から追手門学院大手前中・高等学校としてもＦＬＬに挑戦することになりました。ただし、「やりたい」というだけでは、参加を認めていません。挑戦したい生徒には、「どのような研究を、どのような計画で行うのか」について事前に発表させ、参加を許可する形にとっています。

――ＦＬＬの参加前と後では、子どもたちはどのように変わりましたか？

主体的に物ごとを考えるようになりました。また、自分の考えを人に伝え、協力して、課題を解決するようにもなりました。ＦＬＬには研究発表もあり、活動も多岐にわたるため大変ですが、失敗と成功を繰り返しながら、不器用で自分に自信の持てない生徒たちがたくましくなる様子を垣間見られ、うれしく思っています。

――ＦＬＬの教育的価値はどんなところだと思いますか？

ＦＬＬにはロボット競技だけでなく、研究発表もあり、活躍の場がたくさんあります。「人に伝える」という行為によって大きな成長の機会があります。そんなＦＬＬの取り組みは、今の日本の教育改革に追随するものではなく、これからの教育のあり方を示しているものだと考えます。多くの教育者がプロジェクト型学習等の未来教育の提案を行っていますが、ＦＬＬはそれらの教育を超越したものといえるかもしれません。また、ＦＬＬの学びと受験勉強は相反するように感じますが、ＦＬＬで活躍した生徒たちは自ら高い学力をつけ、いわゆる難関大学で勉学に励んでいることから、教育の本質を貫く教育実践と考えています。

今、日本の教育は変わりつつありますが、まだまだ知識の暗記が中心の、紙の上での学習です。ロボット教育の大きな魅力は、答えがひとつでないことです。ロボット教育の魅力は、課題を解決するために最善解をいかに求めるかという過程に学びがあることです。実際の社会では、答えがひとつではない判断を常にもとめられます。ロボット教育は「人づくり」であり、そこで身につく力は、これから求められる能力・資質に直結するものであると考えます。

――ＦＬＬにおけるメンターの役割はどのようなことだと考えますか？

指導者ではなく、支援者に徹しています。メンターの役割は「環境づくり」と考えています。生徒にもおのおの役割を明確にさせ、責任をもって遂行し、共有することを大切にしています。

――生徒たちに自発的に取り組ませるために、どんな工夫や声かけ、指導を行いましたか？

２つのことを大切に伝えるようにしています。

①勝つのではなく、成功しなさい

「運動会で勝つクラスはひとつだけ。でも、負けても成功したと思えるクラスはどのようなクラスだろうか？」ということを考えさせます。

②大人と子どものちがいについて考えよう

「大人は、困ったときにきちんとヘルプメッセージを出して、協力をもとめる。大人は、計画的に物ごとを進めることができる。夏休みの宿題がたまって泣くことはない。じゃあ、その逆は？どうしてそういうことができなくなってしまうのだろう？」ということを考えさせます。

FROM MENTOR

Kiyo Oi
Eitaro Matsumoto

子どもたちを支えるメンターの力

大井喜代さん
松本英太郎さん

立命館中学校・高等学校教諭

――ＦＬＬに参加して良かったと思うことを教えてください。

松本　以前は、基本的に個人活動を志向し、共同作業に不慣れな生徒ばかりでした。それがＦＬＬに参加することで、他人とのコミュニケーションの重要性を身をもって体験でき、お互いの性格の欠点ばかりでなく、よい点にも目を向けられるようになったと思います。生徒たちの成長の契機としてよかったと考えています。

大井　結果を反省することで、明確な目標意識を持つようになりました。また、チームとして活動したことにより部長を中心とした部員同士の連帯感が生まれました。

――ＦＬＬの教育的価値はどんなところだと思いますか？

松本　運動系クラブでは、他校と自分たちを比較して振り返るきっかけになる大会の機会が多くありますが、そのような機会の少ない個人活動中心タイプのクラブにとって、ＦＬＬは貴重な機会です。また、各大会のテーマに関して自己の周囲を含めたリサーチや研究に取り組むことで、「地に足のついた総合的な学習活動」ができる点で学習面でも価値があると考えています。課題解決型学習やアクティブラーニングの指導アプローチとしても最適だと思います。

大井　プロジェクトでは、身近な社会・環境問題について考えます。年ごとに与えられたテーマに取り組むことが、社会で実際にロボットをどのように役立てることができるのか、具体的に考えるよい機会になっています。中学生や高校生の視点で課題解決を図り、その結論を初対面の先生方の前で報告することで、今後の課題解決型学習やアクティブラーニングを行う際の自信につながると思います。

――ＦＬＬにおけるメンターの役割はどのようなことだと考えますか？

松本　わたし自身は国語科の教員であり、プログラミングをはじめとしてＩＣＴ関連での授業経験はないため、技術的指導は十全にできません。その分、人との関わり方、部活動に参加する意義などの人格形成・コミュニケーション力育成を指導の責務と考えています。本校の「自主的活動」という看板を損なわない程度で、活動の軌道修正を含めたアドバイスに徹するようにしています。メンターの指導は技術・知識にとどまらず、また、勝つことだけにこだわらず、自分がどれだけ成長できたかという点に子どもたちの意識を向けることが役割だと思います。

大井 技術的な指導は上級生に任せ、上級生・下級生の関係を重視し、生徒たちが組織として動くことができるよう心がけています。主に普段の活動が個々人の取り組みで完結しがちであるため、集団で活動することが苦手な生徒が多いので、人間関係の調整役がメンターの役割となっています。

PARENTS' VOICE

子どもたちを見守る保護者の声

目標に向けて、努力する力がついた！

「理由からではなく結論から話すなど、子どもの会話構成が論理的になりました。世界大会を複数回経験したことで英語の構成が身についたことや、ＦＬＬ自体の活動のなかでも、特にプロジェクトを通じて科学的な思考や表現を体得したことが、大きく影響したのではないかと感じています。また、早い段階から（小学校高学年あたりには）人生の進路を真剣に見据え、明確な理由を持って海外大学進学を希望するようになりました。自分でしっかりと目標を設定し、目標に向けた努力を継続できる人に成長したと思います。」

「ＦＬＬは単にロボットのパフォーマンスを競うだけでなく、日本人が苦手とする分野であるプレゼンテーション競技での得点配分が高いのですが、世界大会を目標にしていると、チームでより高いレベルを目指すことできるので非常にいい機会だと思っています。毎年毎年、試行錯誤を繰り返しながら成長し続けてくれればいいですね。」

「同年代の男子と何ら変わらずインドアでもアウトドアでも遊ぶことが大好きな息子が、調査、研究、試行錯誤、忍耐、協調が必須の教育プログラムにあそこまで夢中になるのは意外でしたが、生き生きと取り組む姿を見ていると、息子にとってはＦＬＬもいい意味で遊びのひとつなのだと思いました。また、プレゼンテーションやロボット競技を通じて、文章力やプレゼンテーションの技術、プログラミングの基礎知識が身につたのは確かです。しかしそれ以上に、目標達成のために根気強く努力する精神力や、チームで作業を進めるために自分が何をすべきかを判断する力、視野を広く持って柔軟に物ごとを考える力、他者を思いやる心など、今後の人生においてより重要な数々の能力が鍛えられたように感じています。」

リーダーシップが育まれた!

「自分ひとりの考えを押し通すのではなく、チームの意見に耳を傾け、よりいいアイデアを取り込むことができたのではないかと思います。家庭での会話の中心はほとんどロボットのことになりますが、それでも、あまり親との会話を持とうとしない思春期のこの時期にロボットのおかげで会話の糸口を持つことができているのかな、と思います。」

「リーダーシップという概念の真髄を理解したことです。子どもがとある面接で、〝社会ではリーダシップが大事というがひとつのチームにそんなにたくさんのリーダーがいたら『船頭多くして船山に上る』になるのではないか?〟という質問を受け、それに対して〝リーダーとは、あらゆる面でチームを引っ張っていくチーム唯一の者を指すのではない。チームメンバーの一人ひとりが自分の持ち場で自身の能力を最大限に発揮し、他のメンバーが適材適所で動けるようにすることが、真のリーダーシップであるとわたしは考える。全メンバーがこれを共通見解として持っていれば、全員が各分野のリーダーというチームが成立する。このようなチームが最強であることは、FLLの活動を通して実証済みである。リーダーが多くて道に迷うことがあるとすれば、それはメンバー全員が、すべてを仕切ろうとするタイプのリーダーである場合に限られる。しかしそれは、わたしの定義では真のリーダーでも真のリーダーシップでもない〟と。FLLを通して、人間的にも大きく成長していたことに気づかされたエピソードのひとつです。」

チームワーク・プレゼンテーション力が身についた！

「チームで役割分担しながら、メンバーを信頼して任せたり、相談したり協力したり、またときにはぶつかり合ったりとたくさんのことを経験したと思います。ひとつのモノをみんなでつくり上げる過程を学べてよかったと思います。」

「ロボット製作だけではなく、プレゼンテーション力がついたことです。学校や学年の違う仲間、世界大会での海外の仲間たちとの交流など、なかなか普段できないようなことがFLLを通じて経験できたことも大きいです。」

「ひとつのテーマについて、試行錯誤して熱心に取り組むことで、メンバーとともに大会の最後まで最善を尽くす経験ができるのは素晴らしいことだと思います。」

「FLLで勝ち上がって行くにはSTEMの知識や考え方だけではなく、対話力、時間管理能力、社会問題に対するクリティカルな視点、チームワーク、リーダーシップ等、大人の社会でも求められる高度な社会的能力が欠かせませんが、FLLという枠組みを通して子どもたちがこれらの力を自然に身につけていくところを目の当たりにしました。」

「仲間と意見を交わし協力しながら試行錯誤の末ものをつくりあげる、人前で効果的なプレゼンテーションをする、新たな人脈を築く、言葉の壁に対処するなど、FLLで子どもたちが行う活動は、実は大人になれば多くの人が直面するものです。そういうことを小中学生という頭も心もやわらかい多感な時期に体験しておけるのがFLLのメリットのひとつであり、その経験が今日の息子たちの自信につながっていると感じています。息子は今、大会ボランティアや現役チームのコーチとして再びFLLに関わっていますが、現役時代の経験とそこで出会ったたくさんの方とのつながりがあってこそ今の自分があるのだと言います。同様の活動をしている以前のチームメイトたちとは今も連絡を取り合い、新しい人脈もさらに広げてたくましく社会の一員として踏み出そうとしている息子を見るたび、FLLに参加させてよかったと心から思います。」

やりたいこと・好きなこと・夢に出会えた！

「自分の得意分野が発見でき、自信がついたように思います。物ごとを整理して話すことができるようになり、プレゼン力はかなり上がったように思えます。」

「中学、高校時代に心底がんばったといえるものに出会えたことが一番よかったです。今後もさまざまな局面でこの経験が本人を支えてくれるのではないかと考えております。また親子ともどもよい仲間に出会えたことに感謝しております。」

「好きと思えることや得手不得手を客観的に眺めることができるようになり、自身の将来を真剣に柔軟に考えるようになったと思います。」

考える力・探究する力が身についた！

「テーマを探究することで、物ごとを掘り下げて考えられるようになりました。自分の意見をまとめ、相手に伝わるよう発表すること、相手の考え方を聞き取る力を養うことを、チームメンバーとだけではなく、出会った方々との交流によってより深めていけるようになっています。」

「家でも社会課題について議論していました。大人が安易に答えを言わず、子ども自身で考えさせるスタイルを大切にしました。子ども自身も、答えのない問いについて考え続けることをたのしむようになったように思います。」

FROM COMPANY

Mitsui Chemicals, Inc.

FLLを支援する企業

三井化学株式会社

緒續士郎(おつづきしろう)さん
（ロボット材料事業開発室）

――ＦＬＬへの支援を行うきっかけや経緯を教えてください。

FIRST Japanのみなさんとお話をしたことがきっかけで、わたしを含め多くの社員がＦＬＬの趣旨に賛同し、とんとん拍子にＦＬＬへの支援が決まりました。わたしたちはＦＬＬ２０１７～２０１８日本大会にブースを出展させていただいたのですが、水を浄化する実験のお手伝いをしたメンバーは積極的にボランティアで集まった当社の社員でした。

――会社の理念や事業内容と、ＦＬＬの活動で共通することはありますか？

三井化学の企業グループ理念は「地球環境との調和の中で、材料・物質の革新と創出を通して高品質の製品とサービスを顧客に提供し、もって広く社会に貢献する」ことです。また三井化学の

主な事業内容は、
①自動車等の多様なニーズに応えるソリューションを提供する「モビリティ事業」
②健康・安心な長寿社会の実現に向けたQOL（生活の質）向上に貢献する製品やサービスを提供する「ヘルスケア事業」
③食の安全・安心や環境負荷低減などへのニーズの高まりに応える製品を提供する「フード&パッケージング事業」です。
なかでも、わたしが所属するロボット材料事業開発室のミッションは「材料革新によりロボットを軽くそしてやわらかくすることで、ロボットと人との協働を促進し、ロボットがさまざまな社会課題を解決するお手伝いをする」ことです。当社単独ではなく、ロボットメーカーや部品メーカーなどさまざまな会社や大学等と連携したオープンイノベーションで実現しようとしています。
我々のミッションとFLLとの共通点は、社会課題の解決を目指すこと、チームワークが大事なこと、そして鉄の塊のロボットではなくプラスチックでできたロボットを使うことでしょうか。

――FLLに期待することはどんなことですか？

FLLに一番期待することは人材育成です。社会課題を見つける力、その解決方法を考える力、それを社会に発信する力。ひとりではなく仲間を見つけて巻き込んで、仲間と協力して実現する力。いずれもこれからの社会に必須の能力であり、その基礎をＦＬＬで身につけられるのではないかと思います。実際にＦＬＬ地方大会やＦＬＬ全国大会に参加した子どもたちと接して、このような力がまさしくＦＬＬを通して育まれていると感じました。

――これからの社会や御社には、どのような人材が必要だと思いますか？

これからの社会は変化のスピードが速く、かつ先行き不透明です。そのような社会には自分で考え自分で行動できる人材が必要です。ＦＬＬでさまざまな体験をした子どもたちはロボット産業だけでなくあらゆる産業で活躍できるでしょう。当社に興味を持っていただいて、ひとりでも2人でも我々の仲間になってくれたらうれしく思います。

FROM COMPANY

SHIMIZU CORPORATION

FLLを支援する企業

清水建設株式会社

吉田郁夫(よしだいくお)さん
（フロンティア開発室 海洋開発部）

――FLLへの支援を行うきっかけや経緯を教えてください。

FLLは「ひとつのことについて深く考え、課題に取り組み、解決する」という経験の場を提供してくれます。これは、ものづくりを担う人材育成に欠かせない重要な経験となります。ロボット競技の得点を競うだけでなく、そのプロセスや社会的な課題に対する研究内容も重視しています。このFLLのプログラムに感銘を受け、2012年に息子とその友人で個人のチームTOKYO LEGO TEAMを結成しました。

私は長年建築の設計に携わっており、現在、未来都市構想などの計画にも取り組んでいます。その実務経験がチーム活動の役に立ち、メンターとして一緒に課題に取り組んでいくことができました。

TOKYO LEGO TEAMとして5年間にわたりＦＬＬに参加し、子どもたちの努力もあり目標としていた日本一を達成するとともに、セントルイスでの世界大会でも入賞することができました。このことを会社に報告したところ、幹部が関心を持って社内広報誌の記事にもなりました。会社内での反響もあり、今回清水建設として、ＦＬＬの日本での活動に協力させていただくことになりました。

――会社の理念や事業内容と、ＦＬＬの活動で共通することはありますか？

清水建設は、建物や橋やトンネルなどの社会基盤を造る会社です。企画提案から設計、施工、建物運営・維持管理までライフサイクル全般を見通したものづくりを進めています。そして、安全・安心な社会基盤の整備、自然災害への対策や環境への配慮など、社会が建設業に求める役割を果たすとともに、グローバルな視点に立って、長期的な視点で新たな事業領域の拡大や、宇宙や海上都市などの未来構想の実現にも挑戦しています。

ＦＬＬの精神のひとつに「グレイシャスプロフェッショナリズム」があります。これは高いクオリティを保ちながら仕事を推し進め、他者を尊重することに重点を置き、個人やコミュニティに尊敬を持って接するという考え方で、単にロボット競技に勝つことが目的ではないと教えています。これは、当社が経営の基本理念としている「論語と算盤」、すなわち、道理にかなった企業活動によって社会に貢献することで、結果として商売ができるという考え方に通じるものです。

――これからの社会や御社には、どのような人材が必要だと思いますか？

時代とともにお客様のニーズが多様化するなかにあっても、「ものづくりへの真摯な姿勢と絶えざる革新志向により、お客様の期待を超える価値を提供し続ける」という思いは、これからも変わらない清水建設の原点です。この考えを受け継ぐ人材が必要です。

――ＦＬＬに期待することはどんなことですか？

レゴブロックやレゴマインドストームという親しみやすい教材を使うことで、多くの子どもたちが科学技術やものづくりのたのしさを知るきっかけになります。また、ＦＬＬでは、新しいことを発想する力が育まれていると感じます。明確な答えのない研究課題への取り組みや、人と違うアイデアや工夫次第で得点力が飛躍的に増加するロボット競技を通じて、学校では学ぶことのできない貴重な経験を積むことができます。そして、世界大会に参加すればグローバル人材の育成にもなります。建設業に限らず、資源の少ない日本においては技術立国をさらに発展させる人材が不可欠です。これらの経験、体験を通じて少しでも多くの人材が育つことを期待しています。

Dear FIRST® LEGO® League team members, coaches, teachers, volunteers, sponsors, event guests... Dear all,

First of all, let me start to say a big thank you to CREFUS - FIRST Japan for organizing and hosting FIRST® LEGO® League activities in Japan and for their constant dedication, commitment and effort to bring modern technology to the youth of Japan.
To you FIRST® LEGO® League team members: I am so happy to see so many young people interested in science, technology, engineering, art, and math. I am very impressed by your energy and commitment to the FIRST® LEGO® League activities you are involved in.
You are ambassadors for FIRST® LEGO® League, for yourself and for the youth of Japan!
For the LEGO Group in general and LEGO Education specifically, FIRST® LEGO® League is more than just a robotics program. It is the most effective way to pursue our company's mission in reality - which is to "Enable every student to succeed".
FIRST® LEGO® League gives everyone involved so many opportunities to learn and have fun, and all you have to do is work hard and rise to the challenge. Not least all FIRST® LEGO® League teams put so much time and effort into their engagement in FIRST® LEGO® League.
Therefore, I want to ask you - all team members, teachers, coaches, and parents – to take up the FIRST® LEGO® League challenge by exploring hands-on learning experience solving a real-world problem in teamwork with your creative thinking, while also treating each other with respect despite being a competition.
Every one of you are in fact winners just by being involved in FIRST® LEGO® League!

Best Regards,

特別寄稿

FLLチームメンバー、コーチ、先生、
ボランティアスタッフ、スポンサー、イベントゲストの方など
FLLに関わるすべてのみなさまへ

はじめに、多大なるご貢献をいただいた、鴨志田社長をはじめクレファスとFIRSTジャパンに感謝申し上げます。日本におけるFLL活動を開催し組織立てるだけでなく、日本の未来を担う子どもたちに近代テクノロジーへの入り口を築くことに尽力されました。

こんなに多くの日本の若者たちが、科学、テクノロジー、エンジニアリング、アート、そして数学に興味を持ち、取り組む姿を目の当たりにして大変喜ばしく思います。FLL 活動にかけるあなたたちの献身や情熱には大変深い感銘を受けました。あなたたちはFLLの大使です。日本の若者たちの、そしてあなたたち自身の代表でもあるのです。

レゴグループ全般において、またとくにレゴエデュケーションにおいても、FLLはもはやロボティクスプログラムのみにとどまりません。

"すべての生徒たちに成功を"。この私たちのカンパニーミッションに今、確かなる説得力を実感します。

FLLはすべての人々が楽しく学ぶため、多くの機会を提供しています。みなさんは一生懸命に取り組み、挑戦に立ち向かってきました。少なからずFLLチームは、FLLに多くの時間と労力を費やしてきたのです。

ゆえに、私はみなさんに問いたい ── 。

ハンズオン教育からなる経験を駆使し、実生活で発生しうる問題にチームワークと共に創造力を用いて解決策を探し、例えそれが競争の場であっても互いを尊重し合い気遣う。そのような姿勢を持ってFLLに携わっていただきたい、そう思うのです。

FLLに参加することであなたたちは、勝者となりえるのです。

今後もよろしくお願い申し上げます。

アメリカのNPO法人 FIRST
インターナショナルコンペティションマネジャー
コンペティションズ
Gerhard Bjerrum-Andersen

北海道大学　脳科学研究教育センター・
文学研究科・行動システム科学講座
准教授 **高橋泰城** Taiki Takahashi

力は主として4つのC——Concern(配慮), Control(制御), Curiosity(興味), Confidence(自信)から構成されるという。これらの能力は、複数のSTEM分野や他分野との境界領域の職業が増加する現在、ますます重要性を増している。

それではSTEMにより変化が加速している社会で、よい仕事についたり、キャリア形成をしていくには何が必要か。ロッティングハウスやエシェルマンは2015年に6段階モデルを提唱した。①取り寄せた書類に目を通す、②総合的な職業教育カウンセリングへつながる方向へ踏み出す、③適切で定量的なキャリア診断を受ける、④定性的な面からもアドバイスを受ける、⑤先の③と④を組み合わせて定量・定性の両面からの自分の職業適性のスコアをつける、⑥その結果をもとに具体的な実践行動を始める、の6段階である。将来のこのようなキャリア形成の準備のためにも、子ども時代からSTEMと自己分析スキル双方を磨いておくことが大事であろう。

社会のためにも、将来のSTEM関連の人材育成は大事である。MIT(マサチューセッツ工科大学)の経済学者レスター・サローが2000年に述べたように、「21世紀の社会の競争力の源泉は、高度な教育を受けた人材である」からである。そのような人材の育成のためには、STEMの専門家だけではなく、教育の専門家や、職業訓練の専門家、また産業心理学者などによる、統合的な教育プログラムの拡充が必要であり、FLLもその一翼を担っていると言えるだろう。

STEM関連のキャリア動向

近年、STEM(Science, Technology, Engineering, Mathematics: 科学、テクノロジー、工学、数学)教育のキャリア形成における役割に世界的な注目が集まっている。2018年に、米国学術誌(The Carrier Development Quarterly)に報告された、Rottinghausらの解説(Career Assessment and Counseling for STEM: A Critical Review　MARCH 2018・VOLUME 66)の紹介をおこないつつ、FLLとの関連を論じる。

2001年に、米国教育人的資源総局のジュディス・ラマレーが、科学、テクノロジー、工学、数学を表現する語としてSTEMを提案した。その後、米国においては、主として移民受け入れの際の教育背景の分類としてSTEM分野の定義に、心理学やコミュニケーションを含めていることが増えてきた。また、アートなどの創造的活動を含めてSTEAMと称したり、医学を含めてSTEMMと表記したりする場合もある。このことから分かるように、STEMは、幅広く将来のキャリア形成に役立つスキルなどの教育の総称となりつつある。歴史的には、1957年のスプートニクショックの後、米国が防衛上の理由から、数学や科学技術教育に力を入れ始めたことが背景である。2015年のUNDP(国連開発計画)の報告によると、農業なども含めた社会のあらゆる業種が、「さらに教育され、柔軟であり、またテクノロジーの面でより洗練された」人々によって置き換えられつつある。テクノロジーは、既存の職種に浸透しつつあるだけでなく、全く新しい産業も生み出す。例えば、デジタル・エコノミーである。そのような状況においては、STEM固有の狭い専門知識だけでなく、広い意味でのキャリア適応スキルの養成も必要である。キャリア適応能

おわりに

本書を制作するためにたくさんの選手やコーチ、メンターの方々とお会いして、改めてFLLを日本に誘致してよかったと思った。

教育に長年携われている桐蔭学園の松枝先生や追手門学院大手前中高等学校の福田先生の「教育的価値が大変高い活動である（p87）」、「教育の本質を貫く教育実践と考えています（P150）」という言葉は私にとって最大の賛辞です。本当にありがとうございます。

思えば15年前、初めて日本でFLLジャパンオープンを開催した時、集まったチームはたったの16チームだった。都内の中学校の体育館を借りて開催したが、体育館がやけに広く感じたのを覚えている。世界大会に行けたのは1チームのみ。初めて日本代表がアトランタで行われたワールドフェスティバルにチャレンジした時、世界の国々から「よくぞ来た！」「Welcome Japan!」と快く迎えられた。しかし、競技の結果は……。まあ初参加だったからしかたないだろう。

しかし世界大会を経験した子供たち、そしてコーチ、メンターの大人たちは嬉々としてアトランタの会場を後にした。みんな自信に満ち、何かを成し遂げたという充実感を一杯に、胸を張って日本に帰った。

「コアバリュー」、それは、ＦＬＬが最も大切にしている精神だ。

「勝つことよりも発見することが大切」

「勝敗ではなくこの活動で何を経験したのかが重要」

　世界大会に初めてチャレンジした日本チームは、まさにこのコアバリューを体験してきたのだった。

　私はこのＦＬＬこそ日本に根付かせるに値するロボットの大会だと確信した。時間はかかったがだんだんと参加チーム数も増え、今では２００チームに届く勢いだ。おそらく来年以降には１・５倍から２倍に増えていくだろう。ＦＬＬだけではなく「ＦＬＬジュニア」も開催できるようになった。世界大会に出場するチーム数も増え、ＦＬＬジュニアも含めると毎年10チームから20チームの子供たちが国際舞台に飛び出す環境ができた。

　２０１８年４月デトロイトで行われたワールドフェスティバルの会場で、日本代表の子どもたちに「理事長、こんな素晴らしい大会を日本に持ってきてくれてありがとうございます」と突然、声をかけられた。メンターの方にも「本当に感謝いたします」と言われた。

不意の出来事だったので、私は思わず目頭が熱くなった。心の中で「いえいえ、みなさんこそＦＬＬに参加してくれてどうもありがとう」とつぶやいた。


ＦＬＬがきっかけで内閣総理大臣賞を受賞した冨平君（Ｐ22）。私が、「冨平君にとってＦＬＬって何？」とたずねると、「今のぼくを作ったすべてです」と答えてくれた。

経済的にもかなり無理して15年続けてきたＦＬＬ。その努力がやっと報われた瞬間である。冨平君だけではない。本書の中で紹介したＦＬＬのＯＢ・ＯＧのみなさんは、ＦＬＬを経験して素晴らしい青年に成長していることがインタビューでわかる。

ＦＬＬやＳＴＥＭ教育は単なる高額なお遊びではなく、世界の多くの教育者が認める「次世代リーダー育成」、「国際舞台で活躍できる人材育成」教育なのである。ＡＩ、ＩｏＴ、ディープラーニング……ｅｔｃ。テクノロジーの進歩は目覚ましい。近未来がどんな世界になろうとも柔軟に物ごとをとらえ論理的に事象を解決でき、世界の誰とでも協働できる能力を持ち合わせる次世代リーダーをＦＬＬは育てるのである。

６歳から10歳の子どもが「親子で一緒に」学習を進めていくＦＬＬジュニア。９歳から16歳までの「子供が主体」となり、大人の最小限のサポートを受けながら活動するＦＬＬ。この教育効果の高い２つの大会を日本で開催するという夢は叶った。

実は私にはもうひとつ夢がある。

それはＦＩＲＳＴが開催する最上位カテゴリーであるＦＲＣ(First Robot Competition)の国内大会の開催である。

ＦＲＣでは16歳から18歳の高校生が自らチームを作り「企業や各分野のプロフェッショナルと協働」で資金調達からチーム運営、プロジェクトマネージメントを経験する。

このような活動は、日本の高校生たちに素晴らしい経験を提供できるのではないかと思っている。

15年前、たったの16チームから始まったＦＬＬ。苦労も絶えなかったが、いいこともたくさんあった。しかしあの頃を懐かしんでいる暇はない。目指すはFLLジュニアからFLL、FRCまでオールインワンで、日本で世界大会を開催すること！　私自身もFIRSTのコアバリュー精神でこの大きな課題をクリアしていこうと思う。

最後に、誘致活動を一緒にしていただいた故石田晴久先生をはじめ本大会を支援してくれた選手、コーチ、メンター、法人のみなさまに心より感謝申し上げます。

平成30年8月吉日

鴨志田英樹

鴨志田 英樹

かもしだ・ひでき

NPO法人青少年科学技術振興会理事長。株式会社ロボット科学教育CREFUS代表取締役社長。一般社団法人ロボット技術検定機構理事長。成城大学文芸学部英文科卒。民間教育機関に入社し13年間教育産業に携わったのち、教育系ビジネスプロデューサーとして独立。教育とエンターテインメントを融合した教育プログラムを開発し、ITエンジニアの育成業務を行う。2003年、株式会社ロボット科学教育CREFUSを設立。翌年にNPO法人青少年科学技術振興会を立ち上げ、FLL国内大会を開催する。2006年、ユネスコアジアパシフィック支局の要請により、ブルネイダルサラーム国で「Brunei Darussalam-UnescoScienceand Technology Camp」のプロデュースを手掛ける。現在も、子どもの科学に関する新しい教育プログラムの開発、発表の場を作るなど、教育の分野を中心に精力的に活動している。著書に『ロボットの現在と未来』(エクスメディア)、『世界最大級のロボット競技会　ファーストレゴリーグ公式ガイドブック』(KTC中央出版)がある。

STAFF
本文デザイン　吉村雄大
撮影　戸井田夏子
（P22,25,30,62-87,
112-129,132-133）
取材・文　uraraka
編集担当　村上妃佐子（KTC中央出版）
校正　東京出版サービスセンター

＊LEGOおよび、MINDSTORMはLEGO Groupの登録商標です。
＊そのほか、記載されている会社名、商品名は、それぞれ各社が登録商標として使用している場合があります。なお、本文中では®やTMの記号は使用しておりません。
＊左に記載があるページ以外の写真は、「NPO法人青少年科学技術振興会FIRST Japan」、または取材にご協力いただいた方々にご提供をいただきました。

次世代リーダーを育てる！
ファーストレゴリーグ
2018年9月25日　初版第1刷 発行

編者　鴨志田英樹
発行人　前田哲次
編集人　谷口博文
発行所　KTC中央出版
〒111-0051
東京都台東区蔵前2-14-14 2階
TEL.03-6699-1064
FAX 03-6699-1070
印刷・製本　シナノ書籍印刷株式会社

ISBN 978-4-87758-382-8　C0037